Jorge Luís Reyes Pozo
María Amparo León Sánchez
Grisel Herrero

Fertilización fraccionada en plantaciones de Pinus en suelos alíticos

Jorge Luís Reyes Pozo
María Amparo León Sánchez
Grisel Herrero

Fertilización fraccionada en plantaciones de Pinus en suelos alíticos

Respuesta en altura - Respuesta en diámetro - Respuesta en volumen de madera - Incremento medio anual - Esbeltez

PUBLICIA

Impressum / Aviso legal
Bibliografische Information der Deutschen Nationalbibliothek: Die Deutsche Nationalbibliothek verzeichnet diese Publikation in der Deutschen Nationalbibliografie; detaillierte bibliografische Daten sind im Internet über http://dnb.d-nb.de abrufbar.

Información bibliográfica de la Deutsche Nationalbibliothek: La Deutsche Nationalbibliothek clasifica esta publicación en la Deutsche Nationalbibliografie; los datos bibliográficos detallados están disponibles en internet en http://dnb.d-nb.de.

Coverbild / Imagen de portada: www.ingimage.com

Verlag / Editorial:
PUBLICIA
ist ein Imprint der / es una marca de
OmniScriptum Publishing Group
17 Meldrum Street, Beau Bassin 71504, Mauritius
Email / Correo Electrónico: info@omniscriptum.com

Herstellung: siehe letzte Seite /
Publicado en: consulte la última página
ISBN: 978-3-8416-8471-4

Zugl. / Aprobado por: Pinar del Río, Hermanos Saiz Montes de Oca, Tesis Doctoral, 2016

Universidad de Pinar del Río

Facultad Ciencias Forestales y Agropecuarias

Departamento Forestal

UNIVERSIDAD DE PINAR DEL RIO

HERMANOS SAIZ MONTES DE OCA

1972-CUBA

Fertilización fraccionada en plantaciones de *Pinus caribaea* var. *caribaea* y su impacto sobre algunos indicadores ambientales

Jorge Luís Reyes Pozo

Pinar del Río

2016

"Año 58 de la Revolución"

PENSAMIENTO

He aquí una cuestión vital para la prosperidad de nuestras tierras, y el mantenimiento de nuestra riqueza agrícola. Muchos no se fijan en ella, porque no ven el daño inmediato. Pero quien piensa para el público, tiene el deber de ver en el futuro, y de señalar peligros. Mejor es evitar la enfermedad que curarla. La medicina verdadera es la que precave.

"La cuestión vital de la que hablamos es esta: la conservación de los bosques, donde existen; el mejoramiento de ellos, donde existen mal; su creación, donde no existen".

José Martí

AGRADECIMIENTO

Quisiera expresar mis agradecimientos a todos aquellos que han contribuido de una forma u otra en la realización de este trabajo, a los que me ayudaron, de forma voluntaria en la realización del mismo.

En especial, a mis tutoras la Dra. C. Grisel Herrero Echeverría y la Dra. C. María Amparo León Sánchez y demás doctores de la Universidad, en particular, a los Drs. Ynocente Betancourt, Eduardo González, Raúl Ricardo Fernández, Gretel Geada y otros que hicieron posible la continuación de este trabajo.

A todos mis compañeros de mi anterior desempeño, que entendieron este trabajo como un reto, aquellos que se esforzaron junto a mí por un resultado y no por interés, me siento retribuido por tener estas personas a mi lado.

A los compañeros de la Estación Experimental del Tabaco, mi actual centro de trabajo, que hicieron posible la culminación de esta investigación y, en especial, a su Director el Dr. Nelson Rodríguez, el cual me brindo su apoyo para hacer posible este sueño.

A mi esposa, mis hijos y mis padres por toda su ayuda brindada.

A la Estación Experimental de Tabaco, Pinar del Río, por haberme permitido culminar este trabajo, combinar la investigación y la superación.

A la Revolución Cubana, por haberme permitido en estos momentos difíciles cursar el Doctorado en Ciencias Forestales.

En fin, a todos, **muchas gracias…**

DEDICATORIA

Dedico este sueño ya hecho realidad a todos aquellos que me brindaron optimismo y fe, que tantas veces me hicieron falta:

- ✓ A mis pequeños hijos, mi inspiración, los cuales me dan fuerzas para seguir adelante.
- ✓ A mi esposa Yudaisys, a la cual en muchas ocasiones tuve que abandonar y no pude darles los buenos días.
- ✓ A mis padres que desde niño me educaron con las ansias de estudiar y trabajar. Siempre me han brindado el apoyo incondicional que he necesitado.
- ✓ A esta Revolución que me dio la oportunidad de formarme como profesional y alcanzar este título académico.
- ✓ A todos mis compañeros de trabajo.
- ✓ A la paz, al amor y a la fraternidad entre los pueblos.
- ✓ A mi familia en sentido general.

SÍNTESIS

Pinus caribaea var. *caribaea*, crece naturalmente en suelos Alíticos de Baja Actividad Arcillosa Rojo y Rojo Amarillento poco fértiles de la provincia de Pinar del Río, sin embargo, las plantaciones establecidas en sitios sobreexplotados no han tenido buenos crecimientos y los incrementos medios anuales de volumen maderable no se corresponden con el potencial productivo de la especie. La determinación de la influencia a largo plazo de la fertilización mineral aplicada de forma fraccionada en los primeros cinco años de establecida fue el objetivo central de este trabajo. Se montaron ocho tratamientos fertilizados con diferentes dosis de NPK, con fórmula (8-10-10): un testigo sin aplicación de fertilizantes, otro con una aplicación mínima de 300 g. árbol^{-1}, dos con una aplicación de 600 g. árbol^{-1}, 800 g. árbol^{-1} y 1 000 g. árbol^{-1} en años contiguos y alternos. Para evaluar la respuesta a la fertilización se calcularon la cantidad de árboles vivos ha^{-1}, se midió altura promedio y diámetro, se calcularon los rendimientos en volúmenes de madera y los incrementos medio anuales correspondientes. Se evaluaron indicadores ambientales tales como: carbono retenido, reclutamiento de especies vegetales y algunas propiedades de suelo para comprobar el impacto que sobre ellos ejerce la fertilización. Para estimar el efecto de los tratamientos sobre la evolución de las variables altura, diámetro y volumen en árboles individuales, se estimaron curvas de crecimiento con el uso de la modelación multinivel. La aplicación de 1 000 g. árbol^{-1} de forma continua resultó el tratamiento donde mayores incrementos en altura y diámetro a largo plazo se obtuvieron, además fue el más estable durante toda la investigación. La utilización de dosis de fertilizante mineral iguales o superiores a 600 g. árbol^{-1} favorecen los incrementos en volúmenes de madera, mejora las propiedades físico – químicas de los suelos y contribuyen a aumentar el carbono retenido en la madera. La fertilización no afectó el reclutamiento de especies vegetales cuando se evaluaron la cantidad y la abundancia de las mismas en los diferentes tratamientos y su adecuado manejo contribuye al mejoramiento de la fertilidad de los suelos.

ÍNDICE

	Contenido	Pág.
	INTRODUCCIÓN	1
	CAPÍTULO I. REVISIÓN BIBLIOGRÁFICA	9
1.1	Breve introducción sobre la nutrición forestal	9
1.2	Tipos de fertilizantes más comunes en Estados Unidos	12
1.2.1	Épocas apropiadas para la fertilización	13
1.2.2	Frecuencias de aplicación	14
1.2.3	Potencialidades de la fertilización a plantaciones forestales	14
1.2.4	Tipos de fertilizantes	15
1.3	El dióxido de carbono (CO_2) en la atmósfera	21
1.31	Efecto invernadero	21
1.3.2	Flujos del carbono de los ecosistemas forestales	22
1.3.3	La función de los bosques en las existencias mundiales de carbono	22
1.3.4	El papel de las masas forestales como sumideros de carbono	23
1.3.5	Funciones de los bosques	24
1.4	Diversidad florística asociada a plantaciones forestales	25
1.4.1	Biodiversidad florística	27
1.4.2	Sucesión vegetal	27
1.4.3	Rehabilitación de ecosistemas	28

CAPÍTULO III. RESULTADOS Y DISCUSIÓN 47

INTRODUCCIÓN

Los efectos beneficiosos que ejercen los fertilizantes sobre la biología de las plantas son bien conocidos. Sin embargo, su aplicación incorrecta, tanto en exceso como en defecto, puede acarrear consecuencias negativas.

En Cuba, en la rama forestal y a nivel de producción, el uso de fertilizantes químicos es mínimo y su dosificación deja mucho que desear pues, en el mejor de los casos, se emplea tentativamente, aun antes de estudios e investigaciones.

Pinus caribaea var. *caribaea* es una conífera autóctona de Cuba. Por su alta plasticidad ecológica y rápido crecimiento - entre los pinos cubanos - ha sido utilizada ampliamente en los planes de reforestación en todo el archipiélago cubano. Como conífera, crece naturalmente en suelos poco fértiles; sin embargo, las plantaciones establecidas en suelos Alíticos de Baja Actividad Arcillosa Rojo y Rojo Amarillento de la provincia de Pinar del Río, que originalmente constituyeron su hábitat y que fueron marginadas posteriormente por la agricultura, en general, no han tenido buenos crecimientos y los incrementos medios anuales de volumen maderable no se corresponden con el potencial productivo de la especie (Herrero, 2001).

El bosque es un ecosistema dinámico y complejo por naturaleza, que por su estructura y por los niveles de interacción de sus diferentes componentes requiere de un manejo dinámico que esté basado en la más alta valoración bio – ecológica del rol que juegan cada uno de sus componentes en la macro estabilidad de la integridad de dicho ecosistema, visto este como una unidad bio – productiva multi – estructural y multi – funcional. El manejo forestal basado en criterios científico - técnicos es la base para el mejoramiento de la productividad de los bosques naturales y de las plantaciones (González, 2006).

Uno de los períodos más críticos para el desarrollo de las plantaciones forestales es el establecimiento, durante el cual existe una demanda nutritiva creciente (Miller, 1981). Por ello, durante dicho periodo, la fertilización y el control de malezas se utilizan como prácticas silviculturales. La fertilización estimula el crecimiento de los árboles y los hace más competitivos frente a las malezas, lo cual no impide realizar un control adecuado de estas (Venegas & Palazuelos, 1999). La acción combinada de estas dos prácticas debiera provocar un mejor crecimiento de los árboles; sin embargo, los resultados difieren dependiendo de las condiciones de cada sitio, como se ha observado en *Pinus radiata* D. Don (Gerding & Schlatter, 1988, citado por Reyes- Millalón, 2012).

Los bosques suministran madera, pulpa para papel, medicinas, y muchos otros productos a nivel mundial. Tienen un rol importante en los ciclos globales del carbono y el oxígeno. A través de la fotosíntesis los árboles ayudan a purificar el aire removiendo el dióxido de carbono y adicionando oxígeno. (Herrero, 1993; FAO, 1996, citado por Fuentes *et al.,* 2004).

Los bosques absorben CO_2 de la atmósfera y lo almacenan como carbono, no solo en la biomasa sino también en el subsuelo, lo que supone una reducción de la cantidad de CO_2 presente en el aire. Los bosques cubren aproximadamente el 29 % de las tierras y contienen el 60 % del carbono de la vegetación terrestre. En esta línea se ha sugerido que un aumento de la superficie forestal puede ayudar a mitigar el efecto calentamiento y el posible cambio climático, al menos en el corto plazo

(Sedjo & Solomon, 1989; Adams *et al.*, 1993; Van Kooten *et al.*, 1995; IPCC, 1996; Adams *et al.*, 1999; IPCC, 2000).

La posibilidad de utilizar el crecimiento de masas forestales como forma de almacenamiento de carbono también ha recibido una creciente atención por parte de los gestores públicos para afrontar el posible cambio climático (Bruce *et al.* 1996). La absorción de carbono pueda ser utilizada por los países participantes para cumplir sus objetivos de reducción de las emisiones de gases de efecto invernadero (Convención Marco, 1997, Mogas & Pere Riera 2004).

Los bosques al proveer hábitat para un gran número de especies de vida salvaje más que cualquier otro bioma, son considerados los mayores reservorios del planeta de la diversidad biológica (DB), además absorben el ruido y algunos contaminantes del aire, son portadores de la DB esencial y de los recursos genéticos. En los bosques tropicales, que pueden llegar a contener hasta un 90 % de la DB mundial, el proceso de extinción de especies y la alteración de sus hábitats se ha acelerado como resultado en buena medida del avance de la deforestación (Castro, 1992).

Los arbustos y las especies de árboles que no son de aprovechamiento final pueden cumplir importantes funciones ecológicas, como fomentar el desarrollo de relaciones simbióticas, mejorar la cubierta del suelo y la diversidad de la hojarasca, y proporcionar un hábitat para otros miembros de la red trófica. Como tal, no se las debería considerarse automáticamente hierbas que deben eliminarse de inmediato. En cambio, deberían sopesarse cuidadosamente sus beneficios potenciales con el costo de los efectos posibles de la competencia, de modo que se puedan concentrar las inversiones del control de hierbas en las etapas cruciales del desarrollo del bosque.

El suelo es un recurso natural que su proceso de formación tarda miles de años, interviene en los ciclos de carbono, azufre, nitrógeno y fósforo como parte fundamental en el equilibrio de los ecosistemas, protegiendo las aguas subterráneas y superficiales contra la penetración de agentes nocivos, transforma compuestos orgánicos descomponiéndolos o modificando su estructura, consiguiendo la mineralización, también proporciona materias primas renovables y no renovables de utilidad para el ser humano.

A pesar de ser un recurso clave en las funciones ecológicas de los ecosistemas, el suelo ha sido subestimado. La intervención humana ha alterado los ciclos biogeoquímicos con actividades productivas intensas como la ganadería, prácticas agrícolas o forestales inadecuadas que provocan la pérdida de productividad del suelo, originando problemas ecológicos que, de continuar, ponen en riesgo la subsistencia (CONAFOR, 2014).

La rehabilitación de los suelos es una estrategia de manejo para revertir las consecuencias negativas de la deforestación tropical y la degradación de los suelos (Brown & Lugo, 1995; Bruzón, 2013).

La restauración total de una superficie que ha sido alterada no es posible, pues el espacio abierto difícilmente podrá recuperar el perfil original del terreno, además de que ya no tendrá solución la pérdida del hábitat para las especies que lo ocupaban originalmente. Por ello, la única alternativa es de carácter compensatorio, es decir, más que restaurar se intenta rehabilitar la zona afectada, de forma que el suelo adquiera las propiedades mínimas para albergar vida animal y vegetal (INE, 2003), citado por Bruzón, 2013).

Los bosques prestan importantes servicios ambientales, como la conservación de los suelos y agua, protección de la biodiversidad, regulación del clima, reducción del efecto invernadero, etc. Ya está reconocido mundialmente el papel que desempeñan en el ciclo del carbono y muchos países han aceptado pagar para conservarlos (Mery, 1998), citado por González 2006).

Después de lo planteado anteriormente, se define como problema científico de esta investigación el siguiente:

Problema: ¿Cómo contribuir con la fertilización en el rendimiento de plantaciones de *P. caribaea*, la retención de carbono, el reclutamiento de especies vegetales y el mejoramiento de algunas propiedades físico-químicas en suelos Alíticos de Baja Actividad Arcillosa?

Objeto: El proceso de fertilización en plantaciones de *Pinus caribaea* var. *caribaea.*

Campo de Acción: Fertilización mineral en plantaciones de *Pinus caribaea* var. *caribaea* en suelos Alíticos de Baja Actividad Arcillosa.

A partir del problema planteado, se elaboró la siguiente hipótesis:

Hipótesis: Si se realiza la fertilización mineral fraccionada en plantaciones de *P. caribaea* establecidas en suelos Alíticos de Baja Actividad Arcillosa, entonces se contribuye al incremento de los rendimientos en correspondencia con el potencial productivo de la especie, la retención de carbono, se favorece el reclutamiento de especies vegetales y el mejoramiento de algunas propiedades físico-químicas.

Objetivo general:

Evaluar cómo contribuye la fertilización mineral fraccionada en el rendimiento en plantaciones de *Pinus caribaea* var. *caribaea,* la retención de carbono, el reclutamiento de especies vegetales y algunas propiedades físico-químicas en suelos Alíticos de Baja Actividad Arcillosa.

Objetivos específicos:

- Evaluar la respuesta de *P. caribaea* var. *caribaea*, en el tiempo, a la fertilización mineral aplicada de forma fraccionada en los primeros cinco años de establecida la plantación y su influencia en la retención de carbono, en suelos Alíticos de Baja Actividad Arcillosa.
- Determinar el efecto de la fertilización a plantaciones de *P. caribaea* var. *caribaea* sobre el reclutamiento de especies vegetales.
- Evaluar algunas propiedades físico – químicas de los suelos según los tratamientos de fertilización.

Resultados esperados:

- Aumento de los volúmenes de madera de *P. caribaea* var. *caribaea* y del carbono retenido, en respuesta a la fertilización mineral aplicada de forma fraccionada en los primeros cinco años de establecida la plantación en suelos Alíticos de Baja Actividad Arcillosa.
- Diversidad florística asociada en dependencia de los niveles y el fraccionamiento del fertilizante mineral aplicado en suelos Alíticos de Baja Actividad Arcillosa.
- Mejoramiento de algunas propiedades físico- químicas del suelo por efecto de la fertilización.

Resultados prácticos, sociales o científicos que aporta al sector o rama.

Aporte práctico:

Se recomendarán dosis de fertilizante mineral que permitan incrementos sustanciales de los rendimientos de plantaciones productoras de *P. caribaea* en suelos degradados por la actividad antrópica, así como la restitución del sotobosque, que pueden constituir un beneficio importante para la gestión económica y del conocimiento de las empresas forestales. La aplicación de los resultados obtenidos servirá de base para el establecimiento de plantaciones en suelos con características similares que posibiliten el mejoramiento del suelo, la retención de carbono y la recuperación de la diversidad florística.

Los resultados de este trabajo se vinculan con los Criterios e Indicadores de Manejo Forestal Sostenible a través de los criterios III y IV, con el Plan de Acción Nacional Sobre la Diversidad Biológica y especialmente con el proyecto Cuba – Canadá: "Desarrollo del sector forestal en Cuba"-de la Dirección Forestal, MINAG- que en su proyección hasta el 2025 prevé 100 000 ha para manejo intensivo de plantaciones con varias especies entre las que se encuentran *Pinus caribaea* var. *caribaea*.

Novedad científica:

Aplicación de la modelación multinivel para captar las diferencias entre los tratamientos sometidos a fertilización con respecto al testigo durante todo el período de medición.

Determinación de la influencia de la fertilización mineral en el incremento de indicadores de crecimiento de la especie *P. caribaea* var. *caribaea*, así como en algunos indicadores ambientales en suelos Alíticos de Baja Actividad Arcillosa en la provincia de Pinar del Río; estos resultados aportarán nuevos elementos al poco conocimiento existente en el país sobre el grado de limitación que representa para el bosque tropical la falta de nutrimentos, el reclutamiento de especies autóctonas y endémicas y la retención de carbono.

Impacto medioambiental:

El impacto medioambiental está dado fundamentalmente por el rápido crecimiento inicial de las plantaciones que conlleva al cierre del dosel, por consiguiente, a la disminución de la erosión hídrica por un menor tiempo de exposición del suelo a agentes abióticos, como la lluvia, por el aporte de hojarasca al suelo que mejora el contenido de materia orgánica del mismo, favorece el retorno de la flora y la vegetación asociadas a la especie plantada en su hábitat natural.

Impacto económico:

La fertilización juiciosa y racional a plantaciones forestales permite maximizar los volúmenes de producción, reducir los turnos de corta y minimizar el deterioro ambiental con respecto a las áreas no fertilizadas, por consiguiente, lograr un uso más racional de la tierra, teniendo en cuenta que el concepto de tierra comprende el suelo, las aguas, la diversidad biológica y la dimensión social.

CAPÍTULO I. REVISIÓN BIBLIOGRÁFICA

I.1. Breve introducción sobre la nutrición forestal.

La nutrición forestal tiene relación con la adquisición de los elementos nutritivos y con sus funciones en la vida vegetal y, como ciencia, es una especialización dentro de la fisiología vegetal. Los árboles, al igual que otras plantas, requieren extraer del suelo y de la atmósfera elementos nutritivos necesarios para completar el ciclo de las mismas; es decir, para sobrevivir, crecer, reproducirse y generar varios productos como madera, frutos, extractivos (taninos, aceites esenciales), entre otros (Quinteros 2011).

Solo las plantas son capaces de extraer compuestos inorgánicos simples y transformarlos en sustancias complejas ricas en energía, de las cuales se nutren los animales y el propio hombre.

Según Ewald (2008) existen varios factores o consideraciones importantes que influyen notablemente sobre la cuestión de la necesidad de los fertilizantes en la futura producción maderera. Sin que se trate de indicar ningún orden de prelación o urgencia, se considerarán aquí por lo menos seis factores, insistiendo en por qué y cómo pueden influir en la necesidad de los fertilizantes:

Falta de permanencia en el aprovechamiento de las tierras, genética forestal, sustitución de recursos, producción forestal en turberas, infertilidad de los suelos forestales, pérdida de nutrientes en los suelos forestales.

Según Rubilar *et al.*, (2008a) la deficiencias de elementos nutricionales en sitios forestales están altamente relacionadas al uso anterior del terreno y su grado de erosión, además de propiedades físicas y químicas específicas de suelo. Entre los mayores desafíos que enfrenta el establecimiento intensivo de plantaciones forestales se plantea la correcta definición de especies y genotipos junto con la adecuada combinación de técnicas silvícolas que permitan maximizar la rentabilidad del sitio de una manera sustentable o ecológicamente aceptable.

En el manejo intensivo de las plantaciones, la fertilización es el tratamiento simple más importante, que el silvicultor puede aplicar durante el ciclo vegetativo, para acelerar el crecimiento, acortar el tiempo en el cual un rendimiento comercial puede ser obtenido y aumentar el retorno financiero (Bonneau, 1969; Ford, 1984).

La fertilización de los bosques para promover la producción de madera no es una práctica silvícola nueva y ha sido demostrada su eficacia en diversos países del mundo, en zonas templadas y tropicales, donde se aplica a gran escala (Herrero *et al.*, 2004).

Pinus caribaea Morelet var. *caribaea* Barret y Golfari es una conífera autóctona de Cuba, es un árbol alto de crecimiento medio y produce madera de diversos usos, incluyendo productos de papel, por su alta plasticidad ecológica, adaptabilidad a condiciones adversas, fácil manejo y crecimiento medio ha sido utilizada ampliamente en los planes de reforestación en todo el archipiélago cubano (Herrero, 2001).

Como conífera, crece naturalmente en suelos poco fértiles; sin embargo, las plantaciones establecidas en suelos Alíticos de Baja Actividad Arcillosa Rojo y Rojo Amarillento de la provincia de Pinar del Río, que originalmente constituyeron su hábitat y que fueron marginadas posteriormente por la agricultura, en general no han tenido buenos crecimientos y los incrementos medios anuales de volumen maderable no se corresponden con el potencial productivo de la especie (Herrero, 2001).

En Cuba la evaluación de diversos experimentos, principalmente de las cuatro especies de pino, ha demostrado la factibilidad silvícola y económica de la fertilización forestal y sus efectos positivos para la reforestación y rehabilitación de ecosistemas degradados por diversas actividades económicas, entre ellas la agricultura, incluida la caña de azúcar, la ganadería (Funes, 2008) y la minería a cielo abierto (Herrero *et al.*, 2003).

La necesidad del manejo de la interdependencia de las observaciones repetidas sobre cada individuo y la limitación de los métodos clásicos que requieren disponer del mismo número de observaciones (datos completos) para cada individuo, justifican el empleo de modelos jerárquicos en el presente estudio. Los modelos multinivel (Goldstein, 2010), jerárquicos (Raudenbush & Bryk, 2002), o de coeficientes aleatorios (Langford, 1993) se utilizan en la presente investigación para describir las trayectorias que siguen la altura y el diámetro de los árboles en sus primeros 41 años de vida y la incidencia que tienen sobre estas variables el tratamiento y la edad. Se trabajaron dos niveles: el nivel 1, las medidas repetidas y el nivel 2, el árbol.

Reyes *et al.* (2014) hacen un estudio de la respuesta a la fertilización en altura, diámetro y volumen a los 35 y 41 años de edad de la plantación, con los mismos datos empleados en este artículo. Los diferentes tratamientos son comparados mediante análisis multivariante de la varianza, partiendo de un diseño de bloques al azar en las edades citadas y se aplicaron las pruebas de comparaciones múltiples para detectar los tratamientos homogéneos en esos dos momentos. Otros trabajos en que se mide el efecto de la fertilización han utilizado estas técnicas estadísticas, entre ellos Bonomeli y Suárez (1999), Cañellas *et al.* (1999), Solla-Guyón *et al.* (2004), Will *et al.* (2006), Rubilar *et al.* (2008b), De Urzedo *et al.* (2013), Swanston & Preston (2014). Una característica particular del análisis del experimento desarrollado en este trabajo es que se aprovechan las mediciones realizadas durante la vida del árbol para estimar sus funciones de crecimiento y se conforma un modelo jerárquico con dos niveles (Goldstein, 2010) que permite comparar el comportamiento continuo de las variables de respuesta y analizar el efecto de cada tratamiento sobre las mismas a lo largo de todo el período de seguimiento.

I.2. Tipos de fertilizantes más comunes en Estados Unidos.

Existen cinco tipos de fertilizantes comúnmente utilizados en la nutrición de bosques en el sureste de los Estados Unidos. Los fertilizantes fosfóricos más usados son el superfosfato triple (SFT, 0-46-0), fosfato diamónico (DAP, 18-46-0), los fertilizantes nitrogenados más usados son nitrato de amonio (NA, 34-0-0) y urea (46-0-0) y el muriato de potasio (MOP, 0-0-60) es la fuente más común de potasio (K). Algunos estudios han demostrado que el crecimiento se duplicó y hasta se triplicó con la adición de fósforo (P) y K comparado con plantaciones de pino a las cuales solamente se aplicó nitrógeno (N) (Dickens, 2003).

La fertilización de las plantaciones de pino puede ser económicamente atractiva si el bosque/sitio tiene las siguientes condiciones:

1) Deficiencia en uno o más nutrientes,

2) responde al nutriente(s) añadido y

3) es lo suficientemente grande para manejarse operacionalmente (>15 ha).

I.2.1. Épocas apropiadas para la fertilización.

1) A la plantación o inmediatamente después de esta labor, 2) al cerrarse la parte aérea del bosque (5 a 10 años de edad) cuando la demanda de nutrientes puede ser mayor que la capacidad del suelo para suplirlos y 3) después del raleo. Basándose en investigación preliminar, se está también recomendando fertilizar en periodos de tres a cinco años después del cierre de las copas para mejorar la producción de agujas y mantener el vigor de la plantación.

La época para la fertilización forestal deben ser consideradas en relación con: a) el estado de desarrollo de la plantación, b) la estación (condiciones edáficas y climáticas) y c) otras prácticas silvícolas.

a) Desarrollo de la plantación.

Uno de los principales factores que rigen la respuesta a la fertilización forestal es la edad de los árboles. Se puede considerar, simplificadamente, que los cultivos forestales tienen tres períodos o estados de crecimiento (Miller, 1981):

El primer estado se sitúa entre el momento de la plantación y la edad a la cual el cultivo forestal cierra las copas. Durante esa fase las especies forestales solo tienen como fuente de nutrientes las reservas disponibles del suelo. Durante este estado las exigencias nutrimentales y la respuesta a la fertilización pueden ser predecibles.

El segundo estado ocurre después que se cierran completamente las copas y tiene lugar la poda natural de las ramas en la parte baja de los mismos. Así, la demanda de nutrientes se asegura por la hojarasca incorporada al suelo y por la intercepción de los mismos por el follaje. La demanda de elementos del suelo disminuye paulatinamente hasta que los árboles casi se independizan, para su nutrición, de esa fuente y la realizan a expensas del ciclo biológico, es decir, la materia orgánica en descomposición aporta los nutrientes fundamentales que pasan al suelo y de ahí a la planta. La respuesta a la fertilización en este estado no es de esperar, excepto si se realiza un raleo o si ocurre una defoliación por insectos.

El tercer estado de desarrollo del cultivo ocurre cuando el nitrógeno se inmoviliza en la parte más profunda de la capa de hojarasca, lo cual puede ocurrir a un grado tal que el cultivo puede comenzar a sufrir deficiencias nutrimentales. En este estado puede ocurrir la respuesta a la fertilización nitrogenada.

Las plantaciones adultas responden, generalmente, a las aplicaciones de N o N+P y no a las de P solamente, particularmente si una deficiencia severa de P ha sido corregida inicialmente (Allen, 1987, citado por Herrero, 2001).

I.2.2. Frecuencias de aplicación.

Las aplicaciones en dosis repetidas de los fertilizantes nitrogenados y fosfóricos producen respuestas adicionales en las plantaciones forestales, a pesar de la ineficiencia con la que las plantaciones forestales adultas emplean altas dosis de fertilizantes en una sola aplicación, existen pocos reportes en ese sentido. Un número limitado de estudios que contemplan la aplicación de pequeñas dosis repetidas de fertilizantes, principalmente nitrogenados, ha demostrado que tal régimen de fertilización posibilita aumentar la productividad del sitio (Shoulders & Wittwer, 1979; Phillips *et al.*, 1986; Fuentes *et al.,* 2004).

I.2.3. Potencialidades de la fertilización a plantaciones forestales.

El aumento de los rendimientos en volumen de madera y sus derivados no es el único objetivo para cuya consecución se ha utilizado la fertilización de los árboles. La aplicación de fertilizantes a huertos clonales y masas semilleras para estimular la floración y, por consiguiente, para aumentar la producción de frutos y semillas, se ha investigado y se aplica en muchos países desde fechas tempranas (Saarsalmi *et al.*, 1994, Herrero, 2001).

Las evaluaciones de numerosos experimentos de fertilización han posibilitado concluir que es necesaria una nutrición balanceada para lograr que los árboles posean la vitalidad y resistencia que le permitan enfrentar los factores adversos (Reissman & Zoettl, 1984; Zoettl, 1987; Huettl, 1991 Fuentes *et al.,* 2004).

Se ha demostrado que la fertilización forestal es indispensable para la rehabilitación de terrenos en ecosistemas degradados por diversas causas (Brow & Lugo, 1995) y muy especialmente en aquellas donde la minería realiza explotaciones a cielo abierto (Barth, 1989; Akiyama, 1992; Herrero *et al.*, 2003).

I.2.4. Tipos de fertilizantes.

Los fertilizantes para la silvicultura deben ser baratos, suficientemente concentrados para que los costos de aplicación sean bajos y tener un estado físico adecuado, ya sea para la aplicación directa como para la aérea. Además, deben tener un efecto a largo plazo y ser poco contaminantes del medio ambiente (Taylor, 1986).

De todos los elementos esenciales para el crecimiento de las plantas, el fósforo y el nitrógeno son los mayoritariamente implicados en los factores limitantes nutrimentales para las especies de árboles forestales a nivel internacional (Pritchett & Comerford, 1982; Hunter & Smith, 1996, citado por Herrero, 2001).

La duración de la respuesta a la fertilización nitrogenada es corta: ella acelera el desarrollo de la plantación pero no proporciona un mejoramiento duradero de la calidad del sitio (Allen, 1987, Herrero, 2001). Por el contrario, el patrón de respuesta al P es parcialmente debido a la retención progresiva de este elemento en el ecosistema aéreo y a una interrupción del reciclado de P a partir de la hojarasca incorporada al suelo con alta capacidad de retención de P.

Rodales que presentan deficiencias de P responden a los fertilizantes fosfóricos en cualquier estado de desarrollo, y a largo plazo. No obstante, en sitios deficientes en fósforo, las aplicaciones de fertilizantes en el establecimiento de la plantación se requieren para un establecimiento seguro y un crecimiento temprano de las coníferas, las demoras en el primer suministro de P más allá del primer año resultan en una pérdida en productividad, la cual raras veces se recupera por fertilizaciones posteriores (Herbert, 1985; Xu *et al.*, 1995, citado por Herrero, 2001).

En suelos Ultisoles y Alfisoles localizados en Argentina, respuestas de 10 a 30 % en índice de volumen (d^2h) para *Pinus taeda* a la fertilización fosforada aplicada al establecimiento han sido reportados por Fernández *et al.* (1999) e Ibáñez *et al.* (2004). Similares magnitudes de respuesta en crecimiento han sido reportadas para la fertilización fosforada al establecimiento de *E. grandis* (Lupi *et al.*, 2000). Estudios detallados han relacionado la disponibilidad de P en el suelo con la productividad de *E. grandis* en estos sitios (Aparicio & López, 1995).

Experiencias de Álvarez *et al.* (1999), en diversos tipos de suelo, demostraron buenas respuestas (> 10 % en índice de volumen) con dosis entre 100 a 200 Kg de P_2O_5 ha^{-1} para suelos deficientes. En el caso de N, existen pocas evidencias de respuestas a la fertilización nitrogenada al establecimiento de *P. radiata* (Álvarez, 1999; Rubilar, 2005), sin embargo, es común observar un mayor crecimiento y homogeneidad de la plantación al primer año de crecimiento en suelos erosionados de primera rotación.

Datos de Álvarez *et al.* (1999) para suelos Andisoles indican respuestas de 20 % a la fertilización con 20 g de N por planta al primer y segundo año de la plantación, y de 160 % a 200 g de P por planta al primer año. Respuestas diferenciadas de 10 a 40 % a la fertilización al establecimiento de dos familias genéticas de *P. radiata*, a los tres años de crecimiento, han sido reportadas por Toro *et al.* (1998).

Investigación en suelos de baja fertilidad en Turrialba, Costa Rica, demostró que la adición de 30 g por árbol del fertilizante compuesto de fórmula 14-14-14, cada 15 días después del trasplante en plantaciones de *P. caribaea* var. *hondurensis,* incrementó el crecimiento promedio acumulado en altura a los 6 meses. La altura de las plantas fertilizadas fue de 52 cm en comparación con 42 cm en las plantas sin fertilizar (Loaiza, 1967).

De manera similar, se ha observado en parcelas en suelos ácidos, infértiles y bien drenados, con eliminación de malezas con herbicidas, que la aplicación de 80 g por árbol de la fórmula 12-24-12, dos meses después del trasplante, triplicaron el volumen e incrementaron la altura de las plantas 20 meses después de la aplicación, en comparación con parcelas que no recibieron fertilizante (Kane, 1992, citado por Alvarado *et al.*, 2012).

Durante los últimos 60 años se ha generado mucha información relacionada con la cantidad y los compartimentos de nutrimentos en el bosque tropical, sobre reciclaje de los nutrimentos y las propiedades que le son peculiares a este tipo de bosques y sus suelos. En contraste, se conoce extremadamente poco acerca del grado de limitación que representa para el bosque tropical la falta de nutrimentos o cómo su adición puede afectar a cada especie y tipo de suelo particular en el que se desarrolla (Grubb, 1995; Alvarado & Raigosa, 2012).

Hace algunas décadas, mencionar el tema de fertilización forestal se consideraba un sin sentido, pues los árboles debían "crecer solos" y de acuerdo a la usanza de entonces, "en suelos de vocación forestal", es decir, aquellos en los que no se podía realizar actividades agrícolas. La idea de que los árboles forestales debían ocupar suelos pobres para darle espacio a los sembradíos agrícolas en los mejores terrenos, parecía ser aceptada por los especialistas forestales, sin considerar las necesidades nutricionales de los árboles (Nwoboshi, 1975), tendencia que aún perdura. Hasta 1960, Stoeckeler y Arneman mencionan que en los Estados Unidos la fertilización de plantaciones forestales era tan reciente, que para hacer recomendaciones de este tipo, debían basarse en experimentos realizados en Europa, donde la experiencia forestal era más antigua (Herrero, 2001).

Hoy en día, no se duda de que los árboles puedan crecer de esa manera y en esos sitios; sin embargo, se trata de maximizar su rendimiento, sea a través de buscar especies adaptadas a condiciones específicas, o de mejorar el medio en el que los árboles deben crecer a través de la aplicación de enmiendas.

En Centroamérica la evolución del conocimiento tanto de la ciencia forestal como de la edafológica es relativamente reciente y ocurre solo en los últimos años del siglo XX (Alvarado *et al.*, 1997); la relación entre la calidad del sitio, equivalente a capacidad de uso de la tierra en el área agrícola, y los factores ambientales que afectan el crecimiento de una especie de interés ecológico y forestal es igualmente reciente (Herrera & Alvarado, 1998, Alvarado & Herrera, 1998), y han servido para demostrar que, al contrario de lo que se pensaba en años anteriores, los suelos degradados, infértiles, poco profundos y mal drenados, no son en general, aptos para la producción forestal de alto rendimiento (Alvarado & Raigosa, 2012).

El aumento en el uso de fertilizantes en el sector forestal ocurre al cambiar el concepto de bosque como "cultivo extensivo" o reserva de materias primas, al concepto de "cultivos intensivos", principalmente al incrementarse el área de plantaciones. Este cambio a su vez obedece, entre otras cosas a: 1) la necesidad de producir madera y pulpa bajo el concepto empresarial que obliga a obtener ganancias a corto y mediano plazo (Hallsworth, 1982), 2) la necesidad de cubrir las áreas de vocación forestal (uso correcto del suelo) con árboles, preferiblemente a través de programas de secuestro de carbono que permitan rehabilitar el suelo, rejuvenecer la biodiversidad y proteger las cuencas hidrográficas (Hartemink, 2003) y 3) estimar el efecto que la contaminación ambiental tiene sobre el comportamiento de los suelos y las especies forestales, en particular de aquellas especies en peligro de extinción (Vanmechelen *et al.*, 1997).

En este contexto la interacción agronomía / forestería adquiere una relevancia especial, pues ambas disciplinas pueden beneficiarse mutuamente del conocimiento que por muchos años se desarrolló en forma separada, en particular, sobre nutrición de especies perennes en agricultura y de crecimiento y adaptación de especies en el sector forestal. (Alvarado & Raigosa, 2012).

La necesidad de contar con un trabajo que documente para diferentes tipos de especialistas la información disponible en aspectos agronómico, forestal, agroforestal, ecológico y de otras disciplinas, es cada vez más apremiante, debido principalmente al hecho de que los productores de madera (en cualquier tipo de sistema) deben maximizar los volúmenes de producción, reducir los turnos de corta y minimizar el deterioro ambiental. Además, se considera que la falta de dominio por un buen número de técnicos de los principios asociados a la práctica del manejo nutricional en ambos sectores, está retardando el empleo del uso de nutrimentos en plantaciones forestales, por lo que urge que se resuman las experiencias más significativas sobre el tema (Alvarado & Raigosa, 2012).

La fertilización de plantaciones de *Pino radiata* es una práctica muy extendida en los principales países productores como Nueva Zelanda, Chile, Australia y Sudáfrica. La experiencia que han acumulado demuestra que pueden lograrse aumentos importantes de crecimiento que permiten acortar el turno manteniendo los mismos volúmenes en el momento de la cosecha. Sin embargo, la experiencia también demuestra que es necesario ajustar la fertilización a las demandas de la plantación y a las características de los diferentes sitios por varias razones: en primer lugar, las reservas de nutrientes pueden cambiar mucho de una parcela a otra incluso cuando están muy próximas entre sí, lo que resulta adecuado en un lugar puede no tener efecto en otra zona o incluso puede ser perjudicial por provocar desórdenes nutritivos en la plantación que las hagan más susceptibles al ataque de plagas y patógenos. En segundo lugar, la fertilización es una inversión que hay que optimizar para mantener la mejor relación posible entre el coste y el beneficio esperado. Por último, el desarrollo sostenible exige, al igual que en todos los procesos productivos, utilizar racionalmente los recursos naturales, ajustando el empleo de fertilizantes a los requerimientos específicos de cada caso (Martínez de Arano, 2013).

I.3. El dióxido de carbono (CO_2) en la atmósfera.

La captura de carbono (C) será de mayor o menor magnitud según la composición del bosque, la tasa de crecimiento de las especies, la densidad básica de la madera y la edad (Pardos, 1999). Los bosques jóvenes, en pleno crecimiento, almacenan C a tasas muy elevadas, contrariamente a lo que sucede en bosques maduros donde existe equilibrio entre producción y consumo (Birdsey, 1992). En consecuencia, el aumento de las plantaciones, especialmente con especies de crecimiento rápido, es una medida que favorece la absorción de CO_2 atmosférico (Wright *et al.*, 2000).

Factores como la longitud de la rotación, el manejo de los residuos y la aplicación de silvicultura intensiva, junto con un mejoramiento de la gestión de los recursos, pueden también afectar la capacidad potencial de captura de C de los bosques (FAO, 2001; Pussinen *et al.*, 2002).

I.3.1. Efecto invernadero.

Como todos los vegetales, los árboles absorben carbono en forma de dióxido de carbono a través del proceso de fotosíntesis, lo incorporan a la materia orgánica resultante de su crecimiento y desprenden carbono a través de su respiración e indirectamente por la descomposición de la materia orgánica que aportan el suelo (detritus, hojarasca, raíces muertas, etc.). Diversos estudios han demostrado que el balance de esos flujos entrantes y salientes en los bosques se traduce generalmente por una fijación neta de carbono, lo que les confiere un estatus de «sumideros de carbono». Sin embargo, dicho flujo varía dependiendo de numerosos parámetros, que resulta esencial conocer. Se conoce ya la influencia de la cantidad de gas carbónico atmosférico, la de la temperatura y la de las sequías: el flujo neto positivo puede llegar a invertirse en episodios caniculares. (Magnani *et al.,* 2007).

I.3.2. Flujos del carbono de los ecosistemas forestales.

Hasta el siglo XIX, la actividad antropogénica apenas influían en el almacenamiento de carbono en la tierra a través de los incendios, la utilización de combustible y la deforestación, pero desde el inicio de la revolución industrial, estas actividades han tenido repercusiones importantes sobre el ciclo mundial del carbono. Entre 1850 y 1980, se emitieron a la atmósfera más de 100 Gt de carbono a través de los cambios del uso de la tierra, que supusieron alrededor de un tercio de las emisiones totales de carbono antropógeno de ese período (Houghton, 1996).

I.3.3. La función de los bosques en las existencias mundiales de carbono.

Volumen de carbono almacenado en los ecosistemas forestales. El carbono se acumula en los ecosistemas forestales mediante la absorción de CO_2 atmosférico y su asimilación en la biomasa. El carbono se almacena tanto en la biomasa viva (la madera en pie, las ramas, el follaje y las raíces) como en la biomasa muerta (la hojarasca, los restos de madera, la materia orgánica del suelo y los productos forestales). Cualquier actividad que afecte al volumen de la biomasa en la vegetación y el suelo tiene capacidad para retener -o liberar- carbono de la atmósfera o hacia la atmósfera. En conjunto, los bosques contienen más de la mitad del carbono presente en la vegetación terrestre y en el suelo, estimándose su cuantía en 1 200 Gt. (Dixon, 1994; Schlesinger, 1997).

Los bosques boreales son el ecosistema que acumula una mayor cantidad de carbono (el 26 % del total del carbono terrestre), en tanto que los bosques tropicales y templados contienen el 20 % y el 7 %, respectivamente (Dixon, 1994). En comparación con la vegetación de otros ecosistemas terrestres, la vegetación forestal tiene una gran densidad de carbono (IPCC, 2000).

I.3.4. El papel de las masas forestales como sumideros de carbono.

La vegetación, a través de los ciclos elementales de la fotosíntesis, transforma energía solar en química absorbiendo CO_2 del aire, para fijarlo en forma de biomasa, y libera a la atmósfera oxígeno (O_2). Los bosques, en particular, siguiendo ese ciclo bioquímico, juegan un papel preponderante en el ciclo global del carbono (C) ya que: Intercambian C con la atmósfera a través de la fotosíntesis y respiración, son fuentes de emisión de C cuando son perturbados por causas naturales o antrópicas, almacenan grandes cantidades de C en su biomasa (tronco, ramas, corteza, hojas y raíces) y en el suelo (mediante su aporte orgánico), y por tanto son sumideros (transferencia neta de CO_2 del aire a la vegetación y al suelo, donde son almacenados), cuando se favorece su crecimiento y desarrollo, ofrecen productos que, aparte de fijar carbono durante su mayor o menor vida, ahorran la energía que requiere la fabricación de productos sustitutivos, que compiten con la madera en las aplicaciones de consumo, como pueden ser los metales, plásticos, cemento, etc., suponen una fuente de combustible, con carbono previamente extraído de la atmósfera y que, por tanto, no altera el balance del mismo, y sí evita el empleo de carbono fósil, en forma de hidrocarburos.

I.3.5. Funciones de los bosques.

Según FAO (2003), los bosques tienen cuatro funciones principales en el cambio climático: como fuente de CO_2 cuando se destruyen o degradan, como indicador de un cambio climático, como fuente de biocombustible y como sumidero de C cuando se explotan de forma sostenible. Por ello, la conservación y expansión de los bosques naturales adultos o de los bosques artificiales (plantaciones) son consideradas como una propuesta muy importante para la reducción del nivel de CO_2 en la atmósfera, debido a su función como sumideros de gases de efecto invernadero (Raev *et al.*, 1996). En este sentido el Panel Intergubernamental de las Naciones Unidas para el Cambio Climático (IPCC) ha indicado que el secuestro de carbono por las plantas es una alternativa de bajo costo para reducir el contenido de CO_2 atmosférico (Moreno *et al.*, 2002).

La posibilidad de reducir las emisiones de gases de efecto invernadero mediante la actividad forestal y su potencial para aumentar el secuestro de carbono aumenta la importancia del sector forestal y su participación en las medidas orientadas a mitigar los efectos del cambio climático, según lo estipulado por el Protocolo de Kyoto (Makundi, 1998), pues la fijación de carbono mediante la actividad forestal está en función de la acumulación y el almacenamiento de biomasa, por lo que cualquier actividad práctica de ordenación que modifique la cuantía de la biomasa existente en una zona, influye en su capacidad de almacenar o fijar carbono (Moura, 2001).

La determinación lo más exacta posible de la cantidad de carbono que los bosques y suelos forestales son capaces de retener, es muy compleja para el caso de los bosques tropicales y subtropicales por la diversidad de formaciones boscosas naturales, de especies arbóreas y suelos, realizándose estudios por diferentes países e Instituciones para determinar con la mayor precisión posible, el potencial de mitigación del cambio climático por los bosques (Segura, 2001).

Independientemente de las incertidumbres que aún quedan en las precisiones de los cálculos, se plantea la necesidad de la valoración de los mismos Convención Marco de las Naciones Unidas sobre el cambio climático y por esta razón se hace una evaluación interdisciplinaria destinada a obtener aproximaciones sucesivas, con mayor calidad y con menor incertidumbre, sobre los impactos, medidas de adaptación y potencial de mitigación esperables del cambio climático en sectores económicos cubanos (Álvarez, 2006).

Disposiciones y prácticas de conservación y utilización forestal que permiten reducir el CO_2 atmosférico (Lanly, 1997., González, 2006):

Modificación de regímenes de explotación forestal y reducción de los desechos de esta, aumento del material en pie mediante las plantaciones y medidas silvícolas que aumente la producción de las plantaciones existentes y la elaboración de programas de conservación de los suelos forestales y demandas de los recursos leñosos y de su duración de vida.

I.4. Diversidad florística asociada a plantaciones forestales.

La diversidad es una de las características susceptibles de ser medida en un ecosistema, al igual que la productividad, la biomasa, la densidad, etc. Ella refleja la complejidad y la estructura del sistema en cuestión (Alcolado, 1998).

El concepto de diversidad es uno de los temas centrales de la ecología y su medición es un tema polémico. El mismo autor agrupa los indicadores de diversidad en: índice de riqueza e índices basados en la cobertura relativa de las especies.

Alcolado (1998) planteó, que la diversidad era la unión de varios conceptos: número o riqueza de especies, heterogeneidad y equitatividad, quedando definido de forma genérica como un grupo de conceptos relacionados con la estructura de los sistemas ecológicos.

Según (Bradshaw, 1992) los disturbios de la tierra son una consecuencia inevitable de la civilización moderna, resultando una sustancial "herencia" de los suelos degradados, en el cual el ecosistema original, plantas, animales y suelos han sido totalmente destruidos.

Varios estudios sugieren que las plantaciones pueden catalizar la restauración de especies forestales nativas en sitios degradados a través de tres mecanismos: 1) mejor dispersión de semillas por aves que se refugian en los árboles de las plantación; 2) al menos a corto plazo, mejorando las propiedades del suelo (densidad aparente, disponibilidad de nutrientes y producción acumulación de materia orgánica) y 3) con el cierre de la copa se favorecen las condiciones de germinación de semillas y se reduce la competencia con gramíneas agresivas (Healey & Gara, 2003 consultado por Alvarado & Raigosa, 2012).

Brown & Lugo (1995) plantean que la rehabilitación de los suelos es propuesta como una estrategia de manejo para revertir las consecuencias negativas de la deforestación tropical y la degradación de los suelos, al mismo tiempo señalan que los suelos dañados por fenómenos antrópicos de la actividad humana, pueden ser reparados por la sucesión natural a su estado natural. La rehabilitación es una forma especial de sucesión caracterizada por la intervención humana y el gasto de energía.

I.4.1 Diversidad florística.

Los estudios de biodiversidad en el mundo han cobrado una importancia de gran magnitud. Aunque en el medio científico este ha sido un tema de interés constante, tanto gobiernos como instituciones privadas y académicas, actualmente reconocen en la biodiversidad un patrimonio de la humanidad que se pierde con rapidez. Con respecto a la diversidad florística a nivel mundial, los estudios se han concentrado principalmente a las zonas tropicales, por mostrar una gran diversidad en comparación con las extra tropicales (Gentry, 1982, 1988 citado por Hernández, 1998).

La prolongada intervención humana sobre los ecosistemas ha cambiado y degradado el paisaje vegetal hasta su estado actual. El desarrollo económico en los últimos años ha inducido cambios severos en nuestros bosques (Barbero *et al,* 1990). Entre las causas principales de la regresión de la vegetación autóctona se encuentra el fuego, las talas incontroladas, los desbroces, el pastoreo, los cultivos de subsistencia en zonas de ínfima calidad agrícola (que desencadenan erosión y pueden indirectamente alterar el régimen hidrológico) y más recientemente las plantaciones de pinos y eucaliptos.

I.4.2. Sucesión vegetal.

La sucesión vegetal se entiende, en general, como las consecuencias naturales por las cuales un individuo o comunidad de individuos reemplaza a otro en un hábitat con el paso del tiempo, o el proceso mediante el cual tiene lugar esta sustitución. La permanencia de la vegetación instaurada, aunque puede no ser deseable a largo plazo, deberá mantenerse al menos a lo largo del tiempo que se fije para cumplir los objetivos que se persigan. A pesar de que en la gran mayoría de las superficies muy alteradas no se logra recuperar lo que antes existía, es posible inducir el desarrollo de una vegetación protectora que permita conservar las características ecológicas originales y parte de la diversidad de plantas y animales (Villate, 2011).

I.4.3. Rehabilitación de ecosistemas.

Perder biodiversidad es perder oportunidades de mejorar la calidad de vida, así como las posibilidad de incorporar diferentes especies y sus variedades a la dieta humana, de obtener sustancias naturales de importancia para el mantenimiento de la salud y cura de enfermedades, de proteger la calidad del agua y el suelo mediante el mantenimiento de la cubierta forestal y de disfrutar de opciones recreativas y estéticas (Garibaldi, 2008).

En este contexto la sostenibilidad del desarrollo requiere de políticas económicas, sociales y ambientales que traten de reducir las agudas presiones que la sociedad ejerce sobre el medio ambiente, de políticas ambientales y tecnológicas que posibiliten la conservación de los ecosistemas y, obviamente, de políticas de ordenamiento territorial que procuren compatibilizar la presión social y sostenibilidad ambiental en los espacios geográficos concretos (Díaz, 2013).

Otro aspecto abordado a nivel mundial, es la conservación de la naturaleza y la búsqueda de un desarrollo sostenible originando la creación de diferentes sistemas de indicadores, cuyos objetivos en la mayoría de los casos, son evaluar los problemas ambientales e informar sobre la situación actual, y cuáles son las tendencias futuras, para así poder tener argumentos para la toma de decisiones (Ramírez, 2002; Villate, 2011).

Las invasiones biológicas son un importante componente del cambio global y una amenaza importante para la conservación de la biodiversidad y de los ecosistemas naturales, puesto que pueden competir con las especies nativas, modificar la dinámica de las comunidades, alterar los hábitats y cambiar el régimen de perturbaciones (Mack *et al.*, 2000; Vilá, 2001, cit. Andreu & Vilá, 2007).

La acción antrópica facilita la presencia de especies vegetales que incrementan el número de sus individuos y poblaciones (plantas invasoras o banalizadoras del paisaje) y amplían su distribución de acuerdo a preferencias marcadas según se trate de especies invasoras alóctonas o expansivas autóctonas; en Cuba, las complejas relaciones existentes entre las condiciones climáticas, ecológicas, vegetacionales y las afectaciones antrópicas originan condiciones que facilitan o determinan la presencia de especies sinántropas en diferentes ecótopos (Herrera, 2007).

I.4.4. Regeneración natural, defensa de las plantaciones monoespecíficas.

Es frecuente que la discusión sobre las bondades de la cobertura forestal nativa y de las plantaciones sea tributaria de prejuicios y maniqueísmo, asignándole a las primeras todas las ventajas ecológicas para el hombre y negándoselas a las plantaciones forestales creadas por el hombre. Se habla del peligro de las plagas en los monocultivos, como si en la naturaleza no estuvieran sometidos a los mismos azares que la tierra le depara a todos los seres vivientes, a veces se pierde, por causas naturales o artificiales, creándose condiciones favorables a uno u otro tipo de elementos que conforman dicho equilibrio. "En todo caso tanto los bosques naturales, como las plantaciones sufren los ataques de la naturaleza en forma similar" (Hartwing, 1994, González, 2006).

Es importante destacar que, en general, la nutrición del bosque se realiza a expensas del reciclado de nutrimentos contenidos en su propia biomasa y de la interacción con todas las especies que conforman el ecosistema forestal (árboles, arbustos, hierbas, biota edáfica, etc.); la nutrición de los árboles depende del suelo solamente en los primeros estadios hasta el cierre del dosel.

I.5. Suelos forestales.

El suelo es un recurso natural que su proceso de formación tarda cientos de años. Es un sistema dinámico que ejerce funciones de soporte biológico en los ecosistemas terrestres; interviene en los ciclos de carbono, azufre, nitrógeno y fósforo como parte fundamental en el equilibrio de los ecosistemas, funciona como filtro y amortiguador que retiene sustancias, protegiendo las aguas subterráneas y superficiales contra la penetración de agentes nocivos, transforma compuestos orgánicos descomponiéndolos o modificando su estructura consiguiendo la mineralización, también proporciona materias primas renovables y no renovables de utilidad para el ser humano.

A pesar de ser un recurso clave en las funciones ecológicas de los ecosistemas, el suelo ha sido subestimado. La intervención humana ha alterado los ciclos biogeoquímicos con actividades productivas intensas como la ganadería, prácticas agrícolas o forestales inadecuadas que provocan la pérdida de productividad del suelo, originando problemas ecológicos que, de continuar, ponen en riesgo la subsistencia humana.

El ser humano, como principal autor de la alteración, debe estar comprometido a realizar acciones de conservación y restauración de suelos con la finalidad de evitar la pérdida de especies y ecosistemas y de garantizar la preservación de sus funciones.

El uso inadecuado de los recursos naturales trae consigo la degradación del ambiente, en general, la disminución de la productividad de los sistemas agrícolas, la pérdida de los nutrientes en el suelo y la degradación física y química del suelo (Florentino & López, 2009).

I.5.1 Suelos forestales con referencia a *Pinus caribaea* Morelet var. *caribaea* Barret y Golfari.

La tala de los bosques para el uso agrícola representa una pérdida de fertilidad, determinada por las mayores exigencias nutrimentales de los cultivos anuales con respecto a los árboles. Después de una explotación intensiva de los suelos por cualquier rama de la economía, que en la generalidad de los casos ocasiona su degradación, los mismos son devueltos al patrimonio forestal. Así, los silvicultores tienen pocas opciones en el cambio del uso de la tierra y la silvicultura se practica en los suelos más infértiles, poco productivos, en zonas escabrosas y, en general, en suelos con diferentes intensidades de degradación.

La utilización de *P. caribaea* a tan gran escala en la silvicultura cubana ha estado determinada por la plasticidad ecológica de la especie - se adapta, inclusive, a sitios con condiciones extremadamente adversas-, por su fácil manejo en vivero y plantaciones y crecimiento medio (Herrero, 2001).

P. caribaea crece naturalmente en los diferentes subtipos de los suelos Alíticos de Baja Actividad Arcillosa Rojo y Rojo Amarillento y en los suelos Ferríticos (Meseta de Cajálbana y Marbajitas) de la provincia de Pinar del Río e Isla de la Juventud (Lamb,

1968). Se ha plantado, fuera de su hábitat natural, en suelos Ferrítico Rojo Oscuro, Ferralítico Rojo Lixiviado, Ferralítico Amarillento y Fersialítico Rojo (Ancizar *et al.*, 1974, 1975; Renda *et al.*, 1974, 1980a, 1980b; Calzadilla *et al.*, 1983).

Los suelos Alíticos de Baja Actividad Arcillosa Rojo Amarillentos poseen poca profundidad efectiva, coloración pardo amarillenta y grisácea (cuando sustentan bosques de pinares maduros), pardo amarillenta moteados, en ocasiones, de rojo, textura loam arenosa en superficie y con tendencia a arcillosa en profundidad.

Los suelos Alíticos de Baja Actividad Arcillosa Rojos presentan coloraciones parda, pardo rojiza y pardo rojiza brillante por todo el perfil, con moteaduras amarillas, textura loam a loam arcillosa, tiene presencia de cuarzo en todos sus horizontes, consistencia friable y ligeramente plástico, presenta una capa subyacente arcillosa que disminuye la profundidad efectiva, en algunos casos hasta 20 cm.

Ambos tipos de suelo se caracterizan por tener una capacidad de intercambio catiónico y pH muy bajos, así como los contenidos de materia orgánica, P disponible, K y Ca cambiables.

La baja profundidad efectiva de esos suelos unido a la intensa erosión a que están sometidos, la pérdida de la biota edáfica forestal y la baja fertilidad de los mismos son los factores que limitan la reforestación con *P. caribaea* en los mismos en la provincia de Pinar del Río e Isla de la Juventud (Awan *et al.*, 1972, tomado de Herrero, 2001).

I.5.2. Funciones del humus en el suelo.

Estudios realizados por González-Abreu *et al.*, (1989) citados por Plasencia (2005) y González (2006), demostraron que el humus en el suelo, cumple tres funciones: química, física y biológica:

La función química se relaciona con el contenido de nitrógeno, carbono y una serie de elementos y cenizas que tienen importante valor nutritivo, además, el humus forma enlace con estos nutrientes evitando con ello su pérdida por lavado, destacándose los elementos nitrogenados y fósforo; por otro lado, en las condiciones tropicales, las propiedades buffer y la capacidad de cambio de los suelos dependen en gran medida del contenido de humus.

La función física se expresa en la formación de la estructura del suelo, siendo responsable en gran medida de la friabilidad, porosidad y baja densidad en los horizontes superiores, que influyen en el almacén de agua disponible para las plantas, cuestión esta de mucha importancia para la vegetación forestal en los procesos de reforestación.

La función biológica se relaciona con el hecho de que el humus sirve como fuente de material nutriente y energía para la mayoría de los microorganismos, sin cuya actividad bioquímica el suelo perdería gran parte de su fertilidad y condiciones físicas favorables pues los componentes macro y meso de la biota edáfica son los arquitectos del suelo.

CAPÍTULO II MATERIALES Y MÉTODOS

II.1. Breve descripción de *Pinus caribaea* Morelet var. *caribaea* Barret y Golfari (Bisse, 1988).

Nombre vulgar: pino macho, pino amarillo.

Es un árbol que alcanza hasta 30 m de altura y 60 cm de diámetro. Hojas aciculares en fascículos de tres, rara vez cuatro, algo rígidas.

Es una especie de gran utilidad debido a las buenas cualidades de su madera y versatilidad en el uso de la misma, su empleo para la producción de pulpa de papel de fibra larga, resina, aceites esenciales, crecimiento medio, plasticidad ecológica, etc.

II.2. Distribución geográfica en Cuba.

Se distribuye naturalmente en Pinar del Río e Isla de la Juventud en los diferentes subtipos de los suelos Alíticos de Baja Actividad Arcillosa Rojos y Rojo Amarillento y en los suelos Ferríticos (Meseta de Cajálbana y Marbajitas) (Lamb, 1968).

Se ha plantado, fuera de su hábitat natural, en suelos Ferrítico Rojo Oscuro en la Meseta de San Felipe (Camagüey) y la Meseta de Nipe (Holguín), Ferralítico Rojo Lixiviado en la Sierra Maestra, Ferralítico Amarillento (Sierra Maestra, Sagua-Nipe-Baracoa, Escambray), Fersialítico Rojo (Habana, Matanzas, Villa Clara, Ciego de Ávila, Camagüey, Holguín) (Ancizar *et al.*, 1974, 1975; Renda *et al.*, 1974, 1980a, 1980b; Calzadilla *et al.*, 1983).

II.3. Ubicación y condiciones climáticas.

El experimento se estableció en la Estación Experimental Forestal de Viñales que se encuentra ubicada entre los 22°37´ longitud norte y los 83°41´ longitud Oeste y a una elevación de 150 msnm.

Al inicio de la plantación los valores de temperatura fueron tomados de la Estación Meteorológica más cercana perteneciente a la ciudad de Pinar del Río según los cuales la temperatura media anual es de 24,7^{0}C y la máxima diaria de 28,7^{0}C, la mínima diaria de 20,4^{0}C y la mínima absoluta de 16,2^{0}C (Awan & Frías, 1970).

Datos tomados del (CITMA, 2005) plantean que la temperatura media en el territorio, es de 25,5 °C; el mes más frío es enero con 17,1 °C y el más cálido es agosto con 32,8 °C, las precipitaciones promedio anual fueron de 1 857,8 mm y el mes más lluvioso junio con 273,9 mm promedio.

Datos tomados de (González 2006) mostraron el comportamiento del clima en la última década donde: Precipitación promedio anual 1 765 mm, temperatura promedio anual 25 °C, temperatura máxima promedio anual 28,8 °C, temperatura mínima promedio anual 19,5°C, temperatura máxima absoluta 34,1°C, temperatura mínima absoluta 2,9 °C.

II.4. Diseño experimental.

El experimento da continuidad a una serie de mediciones realizadas sobre los mismos árboles desde el año 1971, por un grupo de autores, a un ensayo de fertilización diseñado en bloques al azar con cuatro réplicas y ocho tratamientos, establecido por la Estación Experimental Forestal de Viñales que contemplaron aplicaciones fraccionadas de NPK con fórmula 8-10-10 (tabla 1).

El fertilizante se aplicó en surcos, en forma de media luna, alrededor de las plántulas, plantadas según el método de hoyo de plantación, la misma se aplicó a inicios del período lluvioso en el mes de julio durante los cinco primeros años de establecida la plantación. La procedencia de las semillas fue de la masa semillera Marbajitas. El marco de plantación fue de 3 m x 3 m. El tamaño de las parcelas fue de 225 m^2 con un total de 25 árboles y nueve en la parcela útil. Los árboles de la parcela útil fueron etiquetados y se dio seguimiento durante todo el período que duró el ensayo.

Tabla 1. Diseño experimental

Tratamiento	Edad (Años)					Dosis Total	
Código	1	2	3	4	5	g.árbol^{-1}	kg. ha $^{-1}$
1. testigo	0	0	0	0	0	0	0
2. 300	300	0	0	0	0	300	333
3. 600	200	400	0	0	0	600	667
4. 600 A	200	0	400	0	0	600	667
5. 800	200	200	400	0	0	800	889
6. 800 A	200	0	200	0	400	800	889
7. 1000	200	200	400	200	0	1000	1111
8. 1000 A	200	0	400	0	400	1000	1111

A: años alternos

Fuente (Estación Experimental Forestal Viñales expediente del experimento de fertilización NPK).

El experimento se estableció en el año 1971 por la Estación Experimental Forestal Viñales y las aplicaciones de fertilizantes comenzaron en este año hasta 1976.

II.5. Mediciones dasométricas realizadas en el ensayo.

Para evaluar la respuesta de la especie a la fertilización se calculó la cantidad de árboles vivos ha^{-1}, se midió la altura y el diámetro a 1.30 cm del suelo de los árboles de la parcela útil, con hipsómetro y forcípula, respectivamente.

Se cuentan con mediciones desde el año 1973 a la edad de dos años de los árboles hasta 2012 (41 años de edad), el período de 1973 al 2004 fue estudiado por Herrero *et al.*, este trabajo estudia el comportamiento de las principales variables dasométricas en el período de 2004 – 2012.

Los árboles vivos ha^{-1}: se estimaron a partir del número de árboles vivos en la parcela útil. Se realizó conteo desde los seis meses de edad de la plantación.

La altura se midió y evaluó a los 2, 6, 8, 15, 33, 35 y 41 años de edad de la plantación, la cantidad de árboles vivos ha^{-1} y el diámetro a los 6, 8, 15, 33, 35 y 41.

Altura (h): se realizaron con regla graduada hasta los dos años de la plantación y con hipsómetro de, Blume – Leiss, cuando sobrepasaban los cinco metros.

Diámetro (d): con forcípula graduada a 1,30 m del suelo.

Los volúmenes de madera correspondientes a cada una de las parcelas se calcularon sumando los volúmenes de los árboles sobrevivientes, de esa manera los volúmenes estimados reflejaron los cambios en la cantidad de árboles vivos por hectárea. Se calcularon, además los incrementos medios anuales para las variables altura, diámetro y volumen de madera en las diferentes edades que se registraron las mediciones. Los volúmenes de madera se estimaron a partir de los seis años de edad y se calcularon, teniendo en cuenta la cantidad de árboles vivos por hectárea, por la fórmula de Hubert:

$$v \equiv \pi/_4 \times 10^{-4} \times d^2 \times h \times C_f$$

donde:

V------ volumen de madera por árbol, $m^3 .árbol^{-1}$

$D_{1.30}$----- diámetro a 1,30 m del suelo (cm).

h----- altura (m).

C_f------ coeficiente mórfico, (0.5 para *P. caribaea).*

Se calculó los incrementos medios anuales (IMA) a diferentes edades.

Como indicador de calidad del rodal se calculó el índice de esbeltez definido como el cociente entre la altura total del árbol y su diámetro a 1,30 cm y expresado en porcentaje (Aguirre *et al.*, 2014).

II.6. Indicadores ambientales.

Los indicadores ambientales estudiados fueron: carbono retenido, reclutamiento de especies vegetales y algunas propiedades físico – químicas de los suelos {(materia orgánica (%), pH, acidez hidrolítica, acidez de cambio, Al (aluminio), P asimilable, bases cambiables Na^+, K^+, Ca^{2+}, Mg^{2+} y Valor S y T)}.

II.6.1. Carbono retenido.

La retención de carbono se calculó a los 6, 8, 15, 33, 35 y 41 años de edad de la plantación mediante la metodología para establecer la línea base de retención de carbono en las Empresas Agro - Forestales de Cuba. (En: Efecto de los cambios globales sobre el ciclo del carbono descrita por Mercadet & Álvarez, 2009).

II.6.2. Reclutamiento de especies.

Para la realización del estudio se monitoreó en el período hidrológico poco lluvioso (2012) y en el período hidrológico lluvioso (2013) todo el experimento; se identificaron y cuantificaron las especies vegetales presentes en todas las parcelas correspondientes a los tratamientos y los bloques, se determinó el número de individuos por especies.

Se realizaron tablas con listas de las especies en los diferentes estratos para la plantación.

La cuantificación e identificación de las especies vegetales se realizó en abril de 2012 (poco lluvioso) y octubre de 2014 (lluvioso).

Se realizaron inventarios florísticos en un área de (81 m^2) determinando familia, género, especie y cantidad de individuos por especies, para ello se tomaron los nueve árboles centrales de cada parcela para evitar el efecto de borde.

Las colectas de las especies vegetales se hicieron *in situ* en cada uno de los diferentes tratamientos.

Se hicieron colectas y herborización de las especies vegetales presentes en cada una de las parcelas experimentales para confeccionar la lista florística. El inventario se hizo visual en el caso de las especies conocidas y por colecta e identificación del material (hojas, flores y frutos) para las especies desconocidas. Se consultó el herbario del Instituto de Ecología y Sistemática (IES) y el Jardín Botánico de Pinar del Río. Se pusieron en práctica los métodos tradicionales de estudio florístico, con materiales de consulta como: Flora de Cuba de Alain (1946), León (1946), León & Alain (1951), León & Alain (1953), León & Alain (1957), Alain (1958), Alain & León (1964), Roig, (1965), Alain (1974) y Acevedo - Rodríguez & Strong (2012).

- Cantidad total de especies: Nativas (endémicas, autóctonas) y alóctonas.
- Cantidad total de plantas (individuos) por especies en las parcelas del área experimental.

Se confeccionaron curvas de abundancia, para las cuales se contabilizaron las especies presentes en el estrato hasta 1,30 m de altura y en el estrato compuesto por plantas mayores de 1,30 m de altura.

Además, se procedió de igual forma con los estratos escandentes (de lianas), donde se incluyó todo tipo de bejuco o lianas, los que pueden dar idea del estado sucesional en que se encuentra el bosque.

Estrato epifítico donde se localizan las plantas epífitas: especies que viven sobre otras, tomándolas solo como sostén, pero sin parasitarlas ni causarles daños, las que a veces juegan un importante papel indicador sobre todo de la humedad ambiental.

II.6.3. Algunas propiedades físico - químicas de los suelos.

El suelo en el cual se estableció la plantación está clasificado como Alítico de Baja Actividad Arcillosa (Hernández *et al.,* 2015), con pendientes del 4,3 %, derivados de esquistos cuarcíticos y pizarras. La profundidad total del suelo es de 1,15 m; pero, debido a la acumulación de arcilla en el horizonte B y al drenaje interno deficiente, factores que limitan la penetración de las raíces, la profundidad efectiva es de 20 cm (Herrero, 2001). El drenaje interno es deficiente, pues existe una capa de acumulación en el horizonte B (Awan & Frías, 1970) (Anexo 3, perfil 5). Es un suelo muy ácido con concentraciones medias de Mg y bajas de P, K, Ca y materia orgánica. Su textura es franco arenoso; el contenido de agua aprovechable para las plantas es bajo (Jiménez & Herrero, 1984).

Capacidad de intercambio catiónico menor de 20 cmol kg^{-1}, pH en cloruro de potasio igual o menor de 4,5 y más del 50 % de saturación con aluminio cambiable.

Las áreas donde se establecieron los experimentos, estuvieron originalmente cubiertas por bosques naturales de *P. caribaea* y *P. tropicalis,* especies autóctonas de esos sitios que fueron sustituidos por cultivos agrícolas sin establecer medidas de conservación de los suelos, lo que determinó una gran erosión de los mismos y la pérdida de sus características forestales; esto significa que al establecerse la plantación los árboles debían superar ese estrés para sobrevivir y desarrollarse.

II.6.3.1.Toma de muestra de suelo.

Para definir cómo la fertilización mejora el suelo y al unísono su influencia en los cambios de vegetación o, si por el contrario, estos cambios inducidos por la acción humana han podido degradar el mismo, se tomaron muestras de suelo en cada una de las parcelas evaluadas a dos profundidades de (0 - 30 y 30 - 60 cm) en cuatro puntos alrededor del tronco en el área de proyección de la copa, según las cuatro direcciones cardinales y posteriormente se mezclaron para conformar una muestra compuesta, las mismas fueron tomadas en el mes de enero de 2014, para un total de 64 muestras de 0,5 kg de sustrato para su análisis y así poder comparar las características químicas del suelo en cada sitio en dependencia de los tratamientos utilizados.

Los análisis de suelos fueron realizados en el Laboratorio de Suelos del Instituto de Investigaciones del Tabaco en el año 2014, a las 64 muestras tomadas de cada parcela experimental y bloques, determinándose el contenido de materia orgánica (%), pH, acidez hidrolítica, acidez de cambio, Al (aluminio), P asimilable, bases cambiables Na^{+}, K^{+}, Ca^{2+}, Mg^{2+} y Valor S y T.

Para ello se aplicaron los siguientes métodos de análisis:

Análisis de pH: Potenciométrico (Norma Ramal 878- 879.1976).

Análisis de Ca^{2+}, Mg^{2+}, Na^{+}, K^{+} (NC 51, 1999; NC-ISO 10390, 1999; NC 65, 1999).

Materia orgánica (M.O.): Método colorimétrico (NC - 51. 1999).

Fundamento del Método:

Este método se fundamenta en la oxidación de la materia orgánica por el dicromato de potasio en un medio ácido aprovechando el calor producido por la dilución del ácido sulfúrico concentrado. Al ser la solución obtenida coloreada, se podrá determinar con la ayuda de un colorímetro la intensidad del color y con la ayuda de un gráfico la concentración.

Análisis de P_2O_5 y K_2O: Colorimétrico (NC - 52. 1999).

Aluminio (Al): NC ISO 14870. 1ra Edición, 2003.

A las muestras de suelo se les determinó:

pH KCl por el método potenciométrico, NC-ISO 10390. 1ra Edición. 1999.

Determinación de la Materia Orgánica por el método colorimétrico. NC 51, 1999. 1ra Edición. 1999.

Fósforo disponible por el de Bray II.

Ca y el Mg se determinaron por espectrofotometría de absorción atómica y el Na y el K por fotometría de llama (NC 51, 1999; NC-ISO 10390, 1999; NC 65, 1999).

Los cationes cambiables se extrajeron con acetato de amonio 1N (pH = 7).

Este método se basa en la determinación potenciométrica del pH en una suspensión suelo: solución de Cloruro de Potasio.

Micro elementos.

Este método se basa en la extracción de los microelementos de la muestra de suelo mediante una solución tamponada de DTPA y su posterior cuantificación mediante espectrofotometría de absorción atómica.

Determinación de cationes intercambiables y de la capacidad de intercambio catiónico (extracción schachtschabel).

Términos y Definiciones:

Capacidad de cambio catiónico (Valor "T"): Es la capacidad total que tiene el suelo para intercambiar cationes, incluido el hidrógeno, con una solución en contacto con el mismo, se expresa cmol (+) kg^{-1}.

Fundamento del Método:

La extracción de los cationes cambiables se hará con una solución de Acetato de Amonio 1 Normal a pH 8,5 para suelos carbonáticos y a pH 7,0 para suelos no carbonáticos.

Determinación de bases intercambiables y valor "s".

Términos y Definiciones.

Cationes Intercambiables: Es aquella parte intercambiable de los elementos químicos que se encuentran adsorbidos en la superficie del complejo coloidal, se expresan en cmol (+) kg^{-1}.

Los resultados obtenidos durante el muestreo de suelo realizado a los 42 años de edad de la plantación fueron comparados con los datos existentes en el expediente de dicho experimento para determinar en cada tratamiento si la frecuencia y dosis del fertilizante aplicado contribuyó a mejorar las propiedades evaluadas.

II.7. Análisis estadístico.

Para estimar el efecto de los tratamientos sobre la evolución de las variables diámetro, altura y volumen en árboles individuales y sobre la cantidad de árboles vivos por ha se estimaron curvas de crecimiento con el uso de la modelación multinivel Goldstein, (2003), se utilizó el programa MLwiN versión 2.02. Se definen dos niveles, las medidas repetidas constituyen el nivel 1 anidadas en los individuos, los árboles, nivel 2. El modelo multinivel general es el siguiente:

$$Y_{ij} = \gamma_{00} + \sum_{p=1}^{P} \gamma_{p0} X_{pij} + \sum_{q=1}^{Q} \gamma_{0q} Z_{qj} + \sum_{q=1}^{Q} \sum_{p=1}^{P} \gamma_{pq} Z_{qj} X_{pij} + u_{0j} + \sum_{p=1}^{P} u_{pj} x_{p_{ij}} + e_{ij}$$

donde:

Y_{ij}: valor de la variable resultado para el instante i en el individuo j, P variables explicativas X_p en el nivel 1 (p =1...P), Q variables explicativas Z_q en el nivel 2 (q=1...Q), u_{0j}: efecto aleatorio del nivel 2, e_{ij}: errores de nivel 1.

Se asume que los errores e_{ij} siguen una distribución normal con varianza σ^2.

Se ajustan varios modelos para las variables respuestas; altura, diámetro y volumen, seleccionándose el mejor a partir de los valores de desvianza como indicador de calidad del ajuste. Se trabaja con un nivel de significación del 5 %.

Se presentan las principales medidas descriptivas de ambas variables, diámetro y altura, para cada tratamiento en cada edad de la plantación, posteriormente se calculan los coeficientes de variación para estudiar la homogeneidad de las variables.

Para ajustar los modelos multinivel se centró la variable edad en el mínimo; dos años para la altura y seis para el diámetro para facilitar la interpretación de la constante.

Se ajustaron modelos de crecimientos jerárquicos donde la variable dependiente fue el diámetro, altura o volumen y las variables independientes la edad y los tratamientos. Los tratamientos se introducen en el modelo como variables categóricas siendo la categoría de referencia el testigo (T1). Se trabajó con tres escenarios, el primero que abarcó hasta la edad de 41 años, el segundo desde los dos hasta los 15 años y el tercero desde los 33 hasta los 41 años. Se utilizó el paquete estadístico Mini 2.1.

Se calculó el índice de esbeltez para cada árbol en cada año que fue medido y se aplicó el test de Friedman para investigar la homogeneidad en el comportamiento de la esbeltez por año. Para determinar que años difieren entre si se utilizó la prueba Wilcoxon para muestras relacionadas acompañada de la corrección de Bonferroni. La comparación entre tratamientos se analizó con la Prueba de Kruskal Wallis.y para detectar las diferencias con respecto al tratamiento testigo se aplicó la prueba U de Mann Whitney. Posteriormente se analizó la dependencia entre la cantidad de mediciones de esbeltez por encima de 100 y los tratamientos mediante una prueba Chi cuadrado y por último se calculó la media geométrica del índice para cada uno de los tratamientos como medida de agregación.

Se realizaron análisis univariados de la varianza y pruebas de comparaciones múltiples de Duncan y Bonferroni, para las variables: incremento medio anual (IMA), volúmenes del carbono retenido, (pH, Al, MO, P y K disponibles, K, Na, Ca, Mg, intercambiables, valor S y T. Los datos fueron procesados mediante un ANOVA de clasificación simple con un nivel del significación de 0,05 %. Los análisis univariados se hicieron para las diferentes edades por separado.

Siempre que se utilizó ANOVA se verificó el cumplimiento de los supuestos de normalidad, con el uso de la prueba de Shapiro Wilk y la homogeneidad de varianza con la prueba de Levene. En todos los casos se empleó el Paquete Estadístico SPSS ver. 15.0 para Windows.

Se confeccionaron gráficos de abundancias relativas para comparar la biodiversidad entre sitios y entre los dos períodos hidrológicos. Para ello se calcularon los valores de p_1 según la ecuación $p_i = n_i / N$ donde n_i es el número de individuos por especie de planta muestreada en cada una de las parcelas y N es el número total de individuos, se calculó el logaritmo neperiano (Ln), de cada valor de p_i (eje y) y el orden de especies de mayor a menor abundancia en el eje x (Feinsinger, 2003).

II.8. Análisis económico.

Para el cálculo del beneficio económico solo se tuvo en cuenta el volumen de madera en $m^3 . ha^{-1}$ a la edad de 41 años de la plantación {tabla 2 (anexo 1)}, el costo de los fertilizantes en CUP ($ 2 800.00) y el valor del m^3 de madera en bolo ($ 73,30) dato tomado de Hernández (2014).

El beneficio económico se calculó por la fórmula:

$BE = (Vn - V_0)\ C - C_{fer}$

donde: Vn - volúmenes de madera para un tratamiento n, V_0 - volumen de madera para el testigo, C - costo de la madera de pino en bolo (CUP. m^3) y C_{fer} - costo de los fertilizantes (CUP t^{-1}).

La relación Valor/Costo (V/C) se calculó por la siguiente expresión (FAO, 1986):

$V/C = \{(Vn - V_0) \times C - C_{fer}\} / C_{fer.}$

CAPÍTULO III. RESULTADOS Y DISCUSIÓN

En los primeros seis apartados se evalúa la respuesta a largo plazo a la fertilización mineral aplicada según el ensayo establecido. Se mide el nivel de respuesta a partir de variables e indicadores que miden potencial productivo, calidad de las masas y retención de carbono en cada uno de los tratamientos y se establece la comparación entre los mismos, con énfasis en el contraste con el tratamiento testigo.

III.1. Comportamiento de la cantidad de árboles vivos ha^{-1}.

El comportamiento descriptivo de esta variable se aprecia en la {figura 1 (anexo 1)} y {tabla 3 (anexo 1)} Los valores más bajos, a los 41 años, se obtuvieron en los tratamientos T1 y T2, a esta edad se aprecia que el número de árboles vivos ha^{-1} en todos los tratamientos es mayor que en el testigo, excepto en el tratamiento T2.

Los resultados alcanzados en la realización de este trabajo coinciden con los obtenidos en plantaciones de *P. caribaea* var. *hondurensis* en la Yeguada, Panamá en latosoles muy degradados y con serios problemas de erosión, donde se demostró que una dosis de fertilizante 15-15-15 (57 g por árbol) más una mezcla de elementos menores (28 g por árbol) y B (14 g por árbol) aumentaron la sobrevivencia en un 44% de los árboles hasta el cuarto año (Alvarado *et al.,* 2012).

III.2. Respuesta a la fertilización expresada en la altura de los árboles (m).

De acuerdo con el diseño, se partió inicialmente de una muestra de 288 árboles, de los cuales quedaban en pie al final del estudio 201 para un 70 %. En cuanto al número de observaciones, de acuerdo con las mediciones realizadas, para la altura de 2 016 se registraron 1 719 para un 85 %. Los resultados de las principales medidas descriptivas, media y desviación estándar por tratamiento y edad, expresada en años, se presentan en la {tabla 4 (anexo 1)} para la altura.

La tabla 4 (anexo 1), muestra que para la variable altura las respuestas más favorables se obtienen en los tratamientos en que las dosis de fertilizantes fueron más elevadas, tratamientos T6, T7 y T8, mientras que los resultados más pobres se obtienen en el tratamiento testigo y el T2 en el que se aplica una única dosis de 300 g.árbol^{-1}. Para estudiar la homogeneidad de la plantación, en relación con las variables en estudio, para cada tratamiento se determinaron los coeficientes de variación y la media geométrica de estos coeficientes {tabla 5 (anexo 1)}.

Aunque en la mayoría de los tratamientos se observa una disminución en el coeficiente de variación con el avance de la edad, la altura en el tratamiento T2 es el que presenta un comportamiento promedio menos estable, mayor coeficiente de variación comparado incluso con el testigo.

III.2.1. Modelos jerárquicos.

Para evaluar la respuesta a largo plazo de la fertilización se compararon las curvas de crecimiento de los árboles en los diferentes tratamientos. Se han realizado mediciones repetidas durante 41 años, sobre los mismos árboles, algunos de los cuales no han sobrevivido pero se cuenta con información suficiente para encontrar las funciones de crecimiento de cada uno de ellos, en muestras que no son independientes. Por ello se recurre al uso de modelos multinivel para datos longitudinales teniendo en cuenta la estructura de correlación de las medidas repetidas y se analiza el efecto de cada tratamiento sobre las variables altura y diámetro a lo largo de todo el período de seguimiento. Las observaciones tomadas en el tiempo se anidan dentro de los individuos, en este caso los árboles, dando lugar a una estructura jerárquica de dos niveles.

III.2.2. Modelos jerárquicos para la altura.

En las tabla 6 (anexo 1) se muestran los modelos ajustados para la altura, el valor de la constante en el modelo 0 representa la altura media de todos los árboles a la edad de dos años, este valor es 0,92 m con un error estándar de 0,018. En el modelo 1, el valor de la constante representa el valor medio de la altura de todas las observaciones en los diferentes momentos equivalente a 10,79 m.

El modelo 2 incluyó como variable independiente el tratamiento de fertilización a que fue sometido. Se tomó como categoría de referencia el tratamiento que se ha definido como testigo y los coeficientes representan la diferencia promedio de la altura de cada tratamiento con relación a esta categoría de referencia. En el tratamiento T2 al que se aplicó una dosis única de 300 g NPK. árbol^{-1} se obtuvieron los menores valores con respecto a este indicador, aunque en este trabajo no se determinan las dosis necesarias para satisfacer los requerimientos de la especie en estas condiciones, se comprueba que la dosis única de 300 g árbol^{-1} es insuficiente para lograr un efecto positivo en crecimiento y provoca que se creen desequilibrios nutrimentales, originados fundamentalmente por el exceso de Mg, los elevados valores de la relación Mg/Ca y a los factores edáficos negativos reportados por el CIF (1975), (Reyes *et al.*, 2014) coincidiendo con (Lumu *et al.*, 2013).

Al respecto Sánchez (1981) plantea que mediante la respuesta a la fertilización se puede concluir que, aparte de los factores edáficos negativos, las deficiencias nutrimentales constituyen un factor limitante de primer orden. La poca profundidad del suelo es la causa del exceso de Mg y de una menor disponibilidad de nutrientes, en el sentido de que los árboles exploran un menor volumen de suelo. La adición del fertilizante mineral incrementa la disponibilidad de nutrientes solubles, lo que contrarresta la poca profundidad del suelo y los desequilibrios nutrimentales originados por el exceso de Mg.

Este modelo no mejora el poder explicativo del modelo 1 y los coeficientes no resultaron estadísticamente significativos, lo que indica que no se detectan diferencias significativas en crecimiento en altura con respecto al tratamiento T1, cuando solo se incluyen en el modelo, la constante y los tratamientos. La diferencia en desvianza con respecto al modelo 1; 12,36 no resultó significativa con 7 grados de libertad. Este resultado ratifica lo planteado por (Herrero, 2001) que asegura que a pesar de ser la altura dominante un indicador de la calidad del sitio, la altura promedio para *P caribaea*, alcanzará una magnitud en crecimiento en dependencia de las potencialidades de la especie, independientemente de la calidad del sitio y del tratamiento silvícola que se le aplique.

El modelo 3 evidencia la ganancia en calidad al incluir la variable edad en la modelización. La incorporación de la edad para mostrar la evolución en el tiempo tiene un efecto sustancial en los componentes de la varianza, se observa una disminución del componente de la varianza para la intersección en el origen que ha pasado de 52,04 a 3,44 una reducción del 93 %. El tratamiento T2 tiene como promedio un crecimiento en altura que está 0,77 m por debajo del testigo. Las diferencias en desvianza de este modelo en relación con los modelos 1 y 2 resultaron altamente significativas para 9 y 2 grados de libertad respectivamente. Con la inclusión de la edad, los coeficientes de los tratamientos T5, T6, T7 y T8 alcanzan significación estadística, lo que implica que hay diferencias con respecto al testigo. Los tratamientos T2, T3 y T4 no muestran diferencias significativas con el testigo al 5%.

En el análisis del modelo 2 se reflejó que los tratamientos no tuvieron un efecto significativo sobre la altura de los árboles a las diferentes edades de la plantación {tabla 6 (anexo 1)}. De forma similar se comportaron todos los tratamientos, en las primeras cuatro mediciones realizadas el tratamiento testigo T1 resultó el que menores valores mostró de este indicador, no ocurrió lo mismo en las últimas tres observaciones donde el tratamiento T2, al que se aplicó una dosis única de 300 g NPK. árbol^{-1} se obtuvieron los menores valores, incluso inferiores al T1.

El análisis realizado a este indicador mostró que en las últimas tres mediciones realizadas a la plantación, o sea, tanto a los 33, 35 y 41 años de edad de establecida el tratamiento testigo no tuvo diferencias significativas con los tratamientos donde se aplicaron las mayores dosis y si con el T2 donde se aplicó la dosis más baja.

De forma general se observa que los tratamientos donde se aplicaron las mayores dosis del fertilizante tienen una mayor respuesta que el T1 y el T2, corroborando que el empleo de fertilizante en edades tempranas es de vital importancia para el establecimiento de plantaciones en suelos con características similares a los utilizados en esta investigación.

Resultados similares fueron obtenidos en sitios Clase II (Industria Forestal Doña María Ltda. 1985) con respuestas a niveles y fuentes de fertilizantes en *P. patula* con

P y B, de esta manera se encontró que *P. patula* responde significativamente en altura total a la adición de 50 kg P_2O_5 ha^{-1} (Alvarado *et al.*, 2012).

Los resultados logrados en este trabajo concuerdan con los obtenidos en investigaciones realizadas en suelos de baja fertilidad en Turrialba, Costa Rica - donde se demostró que la adición de 30 g por árbol del fertilizante compuesto de fórmula 14-14-14, cada 15 días después del trasplante en plantaciones de *P. caribaea* var. *hondurensis,* incrementó el crecimiento promedio acumulado en altura a los 6 meses (Alvarado *et al.*, 2012) – en el sentido del efecto de la fertilización, aún en dosis bajas en los primeros estadios de la plantación.

En la figura 2 (anexo 1) se representan las curvas estimadas para la altura del modelo 3 correspondientes a los tratamientos testigo, el de peor y mejor resultados: T1, T2 y T7 respectivamente.

A partir del modelo 3 {tabla 6 (anexo 1)} se infiere que por cada año de edad la velocidad del crecimiento en altura es desacelerado, pues el coeficiente de la edad al cuadrado es negativo. Nótese que las curvas para la altura tienen pendientes menores y están muy cercanas entre tratamientos, {figura 2 (anexo1)}.

Los mejores resultados a partir de las curvas de crecimiento en altura {figura 2 (anexo 1)} se obtienen con los tratamientos T7 (1 000 g NPK $árbol^{-1}$), T5 (800 g NPK $árbol^{-1}$), T6 (800 g NPK $árbol^{-1}$ A) y T8 (1 000 g NPK $árbol^{-1}$ A) (tabla 1), con los que se obtuvieron diferencias altamente significativas respecto al tratamiento control o testigo {tabla 6 (anexo 1)}.

El tratamiento T7 resultó el de mejor respuesta promedio durante todo el período estudiado y el tratamiento T2, al que se aplicó una dosis única de 300 g NPK. $árbol^{-1}$, mostró resultados inferiores, para esta variable, que el tratamiento testigo {figura 2 (anexo 1)} en coincidencia con Vásquez (2001) que asegura que las coníferas necesitan nutrientes para crecer y cuando no los consiguen en niveles adecuados, presentan problemas con su desarrollo y crecimiento, debido a los desequilibrios nutrimentales que provoca la aplicación de dosis por debajo de los niveles requeridos.

El efecto de la fertilización con dosis iguales o superiores a los 800 g árbol^{-1} ha sido positivo durante el horizonte temporal estudiado en plantaciones de *Pinus caribaea* Morelet var. *caribaea* Barret y Golfari sobre suelo Alítico de Baja Actividad Arcillosa. Los tratamientos del T5 al T8, todos han incrementado en altura promedio con relación al testigo, coincidiendo con los resultados mostrados por Will *et al.* (2006), y Alvarado & Raigosa (2012) en *Pinus patula*, e igualmente Herrero *et al.* (2004) reportan respuesta a la fertilización expresada en altura al evaluar a los doce años una plantación de *Pinus caribaea* fertilizada con roca fosfórica al primer año de establecida. Solla-Guyón *et al.* (2004) comunican resultados positivos en altura ante la fertilización con cenizas de biomasa en plantaciones forestales jóvenes.

En la figura 3 (anexo 1) se muestran los coeficientes asociados a los tratamientos, para la altura en el modelo 3, donde se observa que los mejores resultados se obtienen con el tratamiento T7, correspondiente a una dosis total de NPK de 1 000 g.árbol^{-1}, aplicada a razón de 200, 200, 400 y 200 g.árbol^{-1} en los cuatro primeros años respectivamente, con el que se obtuvo diferencias altamente significativas respecto al tratamiento control o testigo.

En relación con los modelos para explicar la altura {tabla 6 (anexo 1)}, se observa que el tratamiento T2 tiene como promedio un crecimiento que está 0,77 m por debajo del testigo. Con el tratamiento T2 se obtuvieron los menores valores con respecto a este indicador.

Las diferencias en -2*log verosimilitud del modelo 3 en relación con los modelos 1 y 2 resultaron altamente significativas con 9 y 2 grados de libertad respectivamente. Con la inclusión de la edad, los coeficientes de los tratamientos T5, T6, T7 y T8 alcanzan significación estadística, lo que implica que hay diferencias con respecto al testigo. Es importante resaltar que las diferencias significativas se han detectado a partir de la comparación de las curvas de crecimiento, por ejemplo, en cuanto a la altura media las diferencias entre tratamientos se detectan en los primeros años, después se estabiliza y al final del período solamente el tratamiento donde se aplicó 300 g NPK árbol^{-1} resulta estadísticamente diferente del resto quedando por debajo su estimación.

III.2.3. Modelos multinivel para la altura en dos etapas de crecimientos.

Los modelos resultantes de la estimación en dos etapas {tabla 7 (anexo 1)} detectaron que para la variable altura, en la etapa comprendida de 2 a 15 años de edad, existen diferencias significativas (P< 0,001) entre los efectos de los tratamientos del T3 al T8 con relación al testigo. El tratamiento T2 no presenta diferencias con el testigo, situación que se revierte en el modelo estimado para las edades de 33 a 41 años, donde solo el tratamiento T2 provocó un crecimiento significativamente menor con respecto al testigo (P< 0,001). En ambos escenarios los coeficientes que estiman la velocidad de crecimiento (edad) y la aceleración (edad^2) resultaron altamente significativos ($p < 0,001$) de lo que se infiere que la edad es determinante para establecer un manejo silvícola adecuado.

En cuanto a la altura, a los 41 años de edad, los tratamientos T5, T7 y T8 superan en valor medio al testigo pero la diferencia máxima es solo el 2,8 % de la media del testigo, que a la vista de los resultados no es relevante, esto indica que la altura está más asociada al sitio y a las potencialidades de la especie.

En experimentos a largo plazo como el que se presenta en este trabajo, por lo general, se pierde información y en el caso de la comparación de curvas de crecimiento, las observaciones están autocorrelacionadas violando uno de los supuestos de la regresión clásica. En este caso particular se trabaja con el 85 % de las observaciones posibles para la altura, lo cual ha sido posible gracias a la aplicación de la regresión multinivel, que es prácticamente insensible a estas omisiones.

De la interpretación de los modelos en dos etapas se desprende que el ritmo de crecimiento de la variable altura siempre estará determinado por la edad y su aumento o disminución dependerá de la calidad del sitio que puede manejarse hasta una etapa donde comienza a desacelerarse.

III.2.4. Incremento medio anual en altura.

La representación gráfica de los incrementos medios anuales de la altura según los diferentes tratamientos, refleja lo anteriormente expuesto {figura 4 (anexo 1)}. Todos los años excepto en el 1973 y 1977, con el tratamiento T2, que contempla una dosis mínima y única de fertilizante, se obtienen los menores incrementos, es de destacar que después del año 2004 el tratamiento T1 alcanza incrementos medios anuales superiores a los del tratamiento T2 lo que corrobora que una única fertilización con una dosis mínima de 300 g.árbol^{-1} es insuficiente para alcanzar alturas sostenidas en el tiempo.

Los resultados alcanzados en el tratamiento T8 en el año 1973 indican dos aspectos fundamentales: i) que en este sitio la toma de nutrientes en los primeros estadios es lenta, debido a que su uso anterior eliminó las condiciones de suelo forestal, siendo una de las más importantes la presencia de la biota edáfica, principalmente el componente ectomicorrícico y ii) la deficiencia de nutrientes en el suelo, que se expresa en la respuesta al T5 que contempla la aplicación de una dosis alta en los tres primeros años. La respuesta a los tratamientos T6 y T8, que se corresponden con las dosis más altas, no se manifiesta a edades tempranas pues las dosis de fertilizantes están más fraccionadas en el tiempo, no obstante, comienza un aumento de la altura en los tratamientos con fertilizantes, con relación al tratamiento testigo.

III.3. Respuesta a la fertilización expresada en diámetro de los árboles (cm).

III.3.1. Modelos ajustados para el diámetro en una etapa.

De acuerdo con el diseño, se partió inicialmente de una muestra de 288 árboles, de los cuales quedaban en pie al final del estudio 201 para un 70 %. En cuanto al número de observaciones, acorde con las mediciones realizadas, para el diámetro de 1 728 se pudieron captar 1 438 para un 83 %. Los resultados de las principales medidas descriptivas, media y desviación estándar por tratamiento y edad, expresada en años, se presentan en la {tabla 8 (anexo 1)}.

Según las curvas encontradas con los datos de los 41 años que se observó el experimento se obtiene que en los tratamientos en que se aplicó fertilizantes de fórmula (8-10-10) de NPK a razón de 600 g por árbol o mayores, los resultados en diámetro fueron superiores que en el tratamiento testigo {tabla 8 (anexo 1)}. El tratamiento T2 tiene como promedio un crecimiento en diámetro que está 0,5 cm por debajo del testigo, en efecto, la aplicación de una dosis única de 300 g. árbol^{-1} no mejora los resultados de la omisión de fertilización. Los demás tratamientos superan al testigo, obteniéndose los mejores resultados cuando las dosis son más elevadas: tratamientos T6, T7 y T8. El tratamiento T7 es el que mayor diferencia presenta con respecto al testigo, además de ser de los más estables, lo que coincide con los resultados obtenidos por Reyes *et al.* (2014).

La respuesta a largo plazo de la fertilización mineral, aplicada de forma fraccionada, en los primeros cinco años de establecida una plantación de *P. caribaea* es positiva siempre que se aplican las dosis iguales o superiores a los 600 g árbol^{-1}. De los valores descriptivos se observa que a la edad de 35 y 41 años se muestran los mayores diámetros medios de árboles individuales en los tratamientos T6 y T8, a los que les corresponden dosis de 800 y 1 000 g. árbol^{-1} aplicadas en régimen alterno respectivamente, mientras que los resultados más pobres se obtienen en el tratamiento testigo y el tratamiento T2, en el que se aplica, en una única ocasión, la dosis de 300 g. árbol^{-1}.

Mediante este análisis se reitera el efecto adicional de la fertilización, pues se obtienen árboles de mayor diámetro con mayor cantidad de ellos en un espacio determinado (Herrero, 2001, Reyes *et al.*, 2014).

Según Herrero *et al.* (2004) a la edad de 33 años no hubo diferencias estadísticas entre los tratamientos, no obstante, se pudo apreciar que los tratamientos T6, T7 y

T8 presentan los mayores valores. Sin embargo, es importante destacar, que siendo el diámetro función inversa de la densidad (número de árboles ha^{-1}), estos tratamientos posibilitan mayores o similares cantidades de árboles vivos por ha en relación con el testigo y al mismo tiempo mayores o similares diámetros, lo que refleja un efecto adicional por la fertilización, {tabla 8 (anexo 1)}.

Herrero *et al.* (2004) refieren que el diámetro tuvo su máxima expresión de respuesta a los 17 años de edad de la plantación. En las dos últimas mediciones realizadas los tratamientos del T4 al T8 permiten obtener crecimientos superiores al testigo. Lo que puede explicarse por dos razones: i) porque a esa edad ha ocurrido el cierre de copas y comienzan a restablecerse las condiciones forestales, incluyendo el reciclaje de nutrientes, lo que significa la independización de la nutrición arbórea con respecto al suelo y ii) la falta de raleos que motiva una espléndida competencia a los 33, 35 y 41 años de edad.

Por otra parte, el diámetro es una variable que está en función del espaciamiento de la plantación. No obstante, se observa que con el uso de fertilizantes químicos de forma fraccionada o continua en los primeros años de establecida la plantación, pueden obtenerse diámetros significativos independientemente de los manejos silvícolas utilizados (Herrero, 2001).

Estudios realizados por Herrero *et al.* (2004) al evaluar a los 33 años de edad una plantación de *Pinus caribaea* var. *caribaea* fertilizada con diferentes dosis de fertilizante mineral demostraron que cuando se utilizan cantidades superiores a los 300 g. árbol $^{-1}$ se obtienen diámetros significativos superiores a los alcanzados tanto en el tratamiento testigo como en el que se utilizó la dosis más baja.

Para estudiar la homogeneidad de la plantación, en relación con las variables en estudio, para cada tratamiento se determinaron los coeficientes de variación y la media geométrica de estos coeficientes {tabla 9 (anexo 1)}.

En la tabla 10 (anexo 1) se muestran los modelos ajustados para el diámetro, el valor de la constante en el modelo 0 representa el diámetro medio de todos los árboles a la edad de seis años, este valor es 8, 17 cm con un error estándar de 0,119. El modelo 1, modelo no condicional o vacío, no contiene ningún predictor solo la constante o intersección en el origen, se considera de referencia para comparar con los modelos más complejos. En este modelo la constante representa el valor medio de todas las observaciones en los diferentes momentos; 17,15 cm.

En el modelo 2, se incluyó como variable independiente el tratamiento de fertilización a que fue sometido. Se tomó como categoría de referencia el tratamiento que se ha definido como testigo y los coeficientes representan la variación del diámetro de cada tratamiento con relación a esta categoría de referencia. El tratamiento T2 tiene como promedio un crecimiento en diámetro que está 0,50 cm por debajo del testigo; la aplicación de una dosis única de 300 g.árbol^{-1} no supera los resultados de la no aplicación de fertilizantes. Los demás tratamientos superan al testigo, obteniéndose los mejores resultados cuando las dosis son más elevadas, tratamientos T6, T7 y T8, siendo el número T7 el que mayor diferencia presenta con el testigo, además de ser de los más estables coincidiendo con los resultados obtenidos en (Reyes *et al.*, 2014). En este modelo 2 donde solo se incluyen los tratamientos, la diferencia en desvianza con respecto al modelo 1; 25,87 resulta altamente significativa con 7 grados de libertad en una prueba Chi Cuadrado con $P< 0,001$; por lo que la inclusión de los tratamientos mejoran la calidad del ajuste, sin embargo, ningún coeficiente resultó significativo.

En el modelo 3 se incluyó además del tratamiento que es una variable del nivel 2, la variable edad que explica la variación en el tiempo del crecimiento en diámetro y constituye una variable del nivel 1, por cada año de edad la velocidad del crecimiento en diámetro es como media 0,77 y este crecimiento es desacelerado, obsérvese que el coeficiente de la edad al cuadrado es negativo. Los valores de los coeficientes de los tratamientos ya no resultan los mismos porque se han incluido otras variables, sin embargo se mantiene la misma relación con el tratamiento testigo.

La incorporación de la edad para mostrar la evolución en el tiempo tiene un efecto sustancial en los componentes de la varianza, se observa una disminución del componente de la varianza para la intersección en el origen que ha pasado de 62,43 a 6,19, una reducción del 90 %. Esta disminución indica que la edad explica parte importante de la variabilidad en la intersección. Las diferencias en desvianza de este modelo en relación con los modelos 1 y 2 resultaron altamente significativas con 9 y 7 grados de libertad respectivamente. Con la inclusión de la edad, los coeficientes de los tratamientos T4, T5, T6, T7 y T8 alcanzan significación estadística, lo que implica que hay diferencias con respecto al testigo. Los tratamientos T2 y T3 no muestran diferencias significativas con el testigo al 5 %.

Lupi *et al.* (2012) demostraron diferencias altamente significativas al evaluar una plantación de *Pinus radiata* D. Don. Fertilizada con diferentes dosis de N y P aplicadas al momento de la plantación, donde la aplicación de 50 y 100 g de urea generó un aumento en diámetro superior al testigo en un 12 %, de igual forma

Woods *et al.* (1992) obtuvieron respuestas semejantes a la aplicación de N en plantaciones de *P. radiata* sobre suelos arenosos del sur de Australia, al aplicar 300 kg ha^{-1} de N fraccionado en dos años, en combinación con control de malezas, produjo una ganancia del 17 % en el área transversal de las plantas, medida a 15 cm del suelo, al año de la segunda fertilización.

Los resultados obtenidos por estos autores difieren de los alcanzados durante la realización de este trabajo, pues como se mencionó anteriormente la aplicación de una dosis única de 333 kg ha^{-1} mostró valores inferiores a los del tratamiento testigo.

Estudios realizados por Fernández *et al.* (1999) *P. taeda* plantado sobre Alfisoles arcillosos de Corrientes, indicaron que la fertilización con dosis y fuentes de N similares a las utilizadas por Woods *et al.* (1992) y Lupi *et al.* (2012) produjeron un efecto negativo significativo a los cinco meses de edad.

En la figura 5 (anexo 1) se representan las curvas estimadas para el diámetro del modelo 3 correspondientes a los tratamientos testigo, el de peor y mejor resultados: T1, T2 y T7 respectivamente.

A partir del modelo 3 {tabla 10 (anexo 1)} se infiere que por cada año de edad la velocidad del crecimiento en diámetro es desacelerado, pues el coeficiente de la edad al cuadrado es negativo {figura 5 (anexo 1)}, las pendientes para las curvas del diámetro son mayores, lo que indica que dicha desaceleración es menor, y por tanto, los árboles aumentarán en grosor por mayor tiempo.

Los mejores resultados a partir de las curvas de crecimiento en diámetro {figura 5 (anexo 1)} se obtienen con los tratamientos T7 (1 000 g NPK $árbol^{-1}$), T5 (800 g NPK $árbol^{-1}$), T6 (800 g NPK $árbol^{-1}$ A) y T8 (1 000 g NPK $árbol^{-1}$ A) (tabla 1), con los que se obtuvieron diferencias altamente significativas respecto al tratamiento control o testigo.

El tratamiento T7 resultó el de mejor respuesta promedio durante todo el período estudiado y el tratamiento T2 al que se aplicó una dosis única de 300 g NPK árbol^{-1} mostró resultados inferiores para esta variable que el tratamiento testigo {figura 6 (anexo 1)}.

El efecto de la fertilización con dosis iguales o superiores a los 600 g árbol^{-1} tuvo una respuesta positiva durante el horizonte temporal estudiado en plantaciones de *P. caribaea* sobre suelo Alítico de Baja Actividad Arcillosa. Los tratamientos del T4 al T8, todos han incrementado en diámetro promedio con relación al testigo, coincidiendo con los resultados mostrados por Will *et al.* (2006) (Alvarado & Raigosa, 2012) en *Pinus patula*. De igual modo Herrero *et al.* (2004) reportan respuesta a la fertilización expresada en diámetro al evaluar a los 12 años una plantación de *Pinus caribaea* fertilizada con Roca Fosfórica al primer año de establecida. Solla-Guyón *et al.* (2004) comunican resultados positivos en diámetro ante la fertilización con cenizas de biomasa en plantaciones forestales jóvenes.

III.3.2. Modelos multinivel para el diámetro en dos etapas de crecimiento.

Los modelos resultantes de la estimación en dos etapas {tabla 11 (anexo 1)} en cuanto al diámetro en la primera etapa, de 6 a 15 años, se detectaron diferencias significativas *(P*< 0,001) de los tratamientos del 3 al 8 con relación al testigo. El tratamiento T2 no presentó diferencias. En este modelo el término edad$^{\wedge 2}$ no resultó significativo; el incremento en diámetro en los árboles más jóvenes tuvo un comportamiento lineal. En la etapa de 33 a 41 años de edad se detectaron diferencias significativas con relación al testigo en los tratamientos T6, correspondiente a 800 g $árbol^{-1}$ en régimen alterno, con p= 0,014; el tratamiento T7 con *P*= 0,014 y el T8, con *P*= 0,02; correspondientes y 1 000 g. $árbol^{-1}$ en régimen continuo y alterno respectivamente.

De la interpretación de los modelos en dos etapas se desprende que el ritmo de crecimiento de esta variable tiene un aumento lineal y comienza a disminuir su ritmo de crecimiento en una etapa superior (mayor edad). Estos resultados adquieren connotación para determinar el momento adecuado de las intervenciones silvícolas pertinentes en dependencia del uso que se le desee dar a la plantación. En ese sentido, la fertilización juega un papel importante, aspecto que se demuestra con análisis de los modelos resultantes de esta investigación.

III.3.3. Incremento medio anual en diámetro.

Al evaluar los incrementos medios anuales del diámetro, según los diferentes tratamientos en el tiempo {figura 7 (anexo 1)} la respuesta de los árboles ante las diferentes dosis de fertilizantes, mostró un comportamiento similar en todos los años con diferencias en la mayoría de los casos de los tratamientos T1 y T2. Lo anterior ratifica que el empleo de fertilizantes, para el establecimiento de plantaciones forestales, en suelos degradados tanto por la actividad antrópica como por los procesos erosivos, es muy necesario para lograr obtener plantaciones que puedan alcanzar el potencial productivo de la especie. Además, sin un análisis económico se puede inferir que al tener en cuenta los precios actuales de los fertilizantes minerales en base a una hectárea plantada de esta especie en comparación con el testigo, sería más rentable el empleo de fertilizantes minerales.

III.4. Respuesta a la fertilización expresada en volumen de madera con corteza.

El efecto de los tratamientos ensayados sobre los volúmenes de madera fue similar al que experimentaron la altura y los diámetros {tabla 12 (anexo 1)}, todos los tratamientos con fertilizante mostraron diferencias significativas con respecto al tratamiento testigo, así como con el tratamiento T2 donde se aplicó una única dosis de fertilizante, excepto a los seis años de edad donde los valores promedios de este no tenían diferencias significativas con los tratamientos donde se aplicaron las dosis más elevadas, todo esto reafirma que una sola aplicación de fertilizante en una cantidad mínima, en los primeros años de vida de los árboles es ineficiente y aún sin realizar un análisis económico, es antieconómica.

El modelo 1 sin predictores solo estima el valor de la constante. El modelo 2 incluye la velocidad del crecimiento en volumen (coeficiente de la edad) y la aceleración de este crecimiento (coeficiente de edad$^\wedge{}^2$). La inclusión de estos términos eleva significativamente la calidad del modelo. El modelo 3 incluye además de los efectos del crecimiento, los tratamientos y también hay una mejoría significativa con respecto a los modelos 1 y 2 (diferencia en desvianza 2 266,02 y 23,16 respectivamente), sin embargo, no se aprecian diferencias sustanciales entre los tratamientos T2, T3, T4 y T5 con respecto al testigo, pues sus coeficientes no son significativos.

El modelo 4 solo incluyó además de los términos asociados a la edad, la cantidad de árboles vivos por ha y el poder explicativo resultó prácticamente el mismo del modelo 3 (iguales desvianzas) obsérvese que el coeficiente de la cantidad de árboles vivos por ha es negativo, lo que indica que mientras menor es el número de árboles por hectárea habrá un mayor incremento en volumen.

El modelo 5 resultó el de mayor poder explicativo, solo se incluyen las interacciones edad*tratamiento y los términos asociados al crecimiento. Interacciones significativas indican que la velocidad del crecimiento en volumen con la edad depende del tratamiento a que se ha sometido la plantación. El signo negativo del coeficiente de edad*T2, estadísticamente significativo, es un indicador de que con este tratamiento con el decursar del tiempo se incrementa menos en volumen que en el tratamiento testigo que es la categoría de referencia. En el caso del tratamiento T3 no se puede extraer la misma conclusión porque el término resultó estadísticamente similar al de la categoría de referencia. Para los tratamientos T4, T5, T6, T7 y T8 se obtuvo que la velocidad del crecimiento en volumen con la edad fue estadísticamente superior a la del tratamiento testigo. La diferencia en desvianza en relación con los modelos 1 y 2 es altamente significativa {tabla 13 (anexo 1)}. Gráficamente, {figura 8 (anexo 1)}, se evalúa mejor el comportamiento de esta variable. Los valores más bajos se obtuvieron en los tratamientos T2, T3 y T1, los más elevados en los tratamientos T6, T7 y T8.

La representación gráfica de los coeficientes de las variables asociadas a los tratamientos, para el volumen, en el modelo 3, muestra que los tratamientos T6, T7 y T8 a los que se aplicaron dosis iguales o superiores a los 800 g. árbol^{-1} de NPK en régimen alterno o continuo tuvieron mejores respuestas en volumen de madera en dm^3 que el tratamiento testigo. El tratamiento T2 al que se aplicó una dosis única 300 g.árbol^{-1} mostró resultados inferiores para esta variable que el tratamiento testigo.

De forma general se observa que los tratamientos T6 (800 g NPK árbol $^{-1}$ A), T7 (1 000 g. NPK árbol $^{-1}$ C) y T8 (1 000 g NPK árbol $^{-1}$ A) se sitúan en el grupo de los que mayor diferencias apreciables muestran con relación al testigo, el tratamiento T7 donde se aplicó (1 000 g. NPK árbol $^{-1}$) de forma continua resultó el tratamiento donde mayores valores se alcanzaron, poniéndose de manifiesto lo planteado por Pritchet & Comerford, 1982; Nambiar, 1984; Hunter & Hunter, 1991; Casanova, 1995; Sikora, 1999 (citados por Herrero, 2001; Fuentes *et al.*, 2004) que el efecto persistente por largos períodos de los fertilizantes aplicados a plantaciones y bosques naturales en sus primeros estadios de desarrollo y crecimiento ha sido demostrado en diversas latitudes y se explica por el establecimiento del ciclo biogeoquímico después del cierre del dosel.

Al analizar el efecto de la fertilización mineral en el volumen correspondiente al tratamiento T2, los valores medios numéricamente fueron inferiores al testigo en los últimas tres años (tal como ocurre para la altura en el año 2004, 2006 y 2012 y para el diámetro en el 2004), lo que demuestra que con la aplicación de forma racional de nutrientes se pueden obtener incrementos en los rendimientos, de manera económicamente viable y ecológicamente sostenible.

Experiencias de Álvarez *et al.* (1999), en diversos tipos de suelo, demostraron buenas respuestas (> 10 % en índice de volumen) con dosis entre 100 a 200 Kg de P_2O_5 ha^{-1} para suelos deficientes. En el caso de N, existen pocas evidencias de respuestas a la fertilización nitrogenada al establecimiento de *P. radiata* (Álvarez *et al.* 1999 & Rubilar, 2005). Sin embargo, es común observar un mayor crecimiento y homogeneidad de la plantación al primer año de crecimiento, en suelos erosionados de primera rotación. Datos de (Álvarez *et al.* 1999) para suelos Andisoles indican respuestas de 20 % a la fertilización con 20 g de N por planta al primer y segundo año de la plantación, y de 160 % a 200 g de P por planta al primer año. Respuestas diferenciadas, que oscilan de 2 $m^3ha^{-1}año^{-1}$ a 14,5 $m^3ha^{-1}año^{-1}$, a la fertilización al establecimiento de plantaciones de *P. radiata* en diferentes sitios, han sido reportadas por Rodríguez & Álvarez (2010).

Estudios realizados por Jokela & Stearns-Smith (1993) (citados por Dalprá, 2007) donde ensayaron la fertilización en cuotas (parcelada) con N y P en plantaciones de *P. taeda* fueron ensayados 240 kg ha^{-1} de N y 60 kg ha^{-1} de P en una dosis única (sin parcelamiento), y 60 kg ha^{-1} de N, más 60 kg ha^{-1} de P, como fertilización en el momento de plantación y, luego de 2 años, se agregaron 180 kg ha^{-1} de N (fertilización en cuotas). Verificaron luego de ocho años de mediciones, un aumento de 93 % en área basal y 39 % en volumen. Además, los autores concluyen que no hubo diferencias significativas entre las fertilizaciones únicas y en cuotas, a pesar de que la fertilización en cuotas es más interesante para no sobrecargar los costos iniciales de implantación de la plantación.

Fernández *et al.* (2000) (citado por Dalprá, 2007) en suelos rojos profundos (arcillosos) del nordeste de Corrientes encontraron a los 34 meses de edad, diferencias altamente significativas en el diámetro, la altura y el volumen del árbol medio de plantas de *P. taeda* para las dosis de N y de P. No observaron diferencias al factor dosis de K y las interacciones (N x K), (P x K) y (N x P x K). La interacción (N x P) arrojó diferencias significativas para el diámetro a la altura del pecho y volumen del árbol medio. En todas las mediciones hasta los 34 meses, la aplicación de N se asoció con menor crecimiento tanto en diámetro, altura y volumen del árbol medio, resultando en menor crecimiento que el tratamiento testigo (sin fertilización).

La respuesta al P fue positiva en todas las edades analizadas para las variables diámetro, altura y volumen del árbol medio.

III.4.1. Incremento medio anual en volumen.

Al evaluar la evolución en el tiempo de los incrementos medios anuales de volumen de madera, según los diferentes tratamientos {figura 9 (anexo 1)} refleja una existencia maderable superior a los 150 m^3ha^{-1} con relación al tratamiento T1 y T2. Este último donde se aplicó la dosis más baja de fertilizante, demostró que la adición de una pequeña cantidad de fertilizante, solo en el primer año de vida, no es efectiva para el alcance de volúmenes óptimos, coincidiendo con los resultados obtenidos por Herrero *et al.* (1989) quienes manifiestan que cuando se realiza una sola fertilización inicial en los suelos Alíticos de Baja Actividad Arcillosa no hay respuesta a la fertilización.

En el año 2004 los incrementos medios anuales de volumen correspondientes al tratamiento T2 fueron inferiores al testigo, tal como ocurre para la altura y el diámetro en ese año {figuras 4 y 7 (anexo 1)}. Se observa que las dosis más altas de fertilizantes aplicadas de forma continua o alterna permiten los incrementos de volúmenes más altos, tal como ocurrió para la altura y el diámetro. El tratamiento T7 (1 000 g NPK árbol $^{-1}$) causó los mayores efectos en este indicador de crecimiento.

Jiménez & Herrero (1984) y Herrero *et al.* (1988) recomiendan la aplicación de 1 800 g NPK árbol^{-1}, fraccionados en cuatro aplicaciones en años contiguos, en un experimento establecido en la misma estación. Los resultados obtenidos en el presente trabajo indican: i) que la aplicación fraccionada en años alternos o contiguos permite aumentar los rendimientos apreciablemente, es decir, que la misma produce efectos adicionales, ii) la aplicación de fórmulas completas es más conveniente.

Los incrementos medios anuales en volúmenes promedio fueron diferentes significativamente en los tres últimos años de evaluación {figura 9 (anexo 1)}. En todos los años evaluados los tratamientos donde se aplicaron dosis de fertilizante superiores a los 300 g árbol^{-1}, permitieron obtener incrementos en volúmenes superiores con respecto al T2, de igual forma se comportó el tratamiento testigo donde a pesar de no existir diferencias significativas con el T2 sus valores numéricos fueron superiores.

En todos los años el tratamiento T7 donde se aplicó una dosis 1 000 g. NPK árbol^{-1} de forma continua fue el de mejor comportamiento, con diferencias apreciables con relación al testigo y al T2, exceptuando el año 1979 donde no hubo diferencias entre los tratamientos T2 y T7.

III.5. Efecto de la fertilización sobre la esbeltez.

La comparación de la esbeltez mediante la prueba de Friedman {tabla 14 (anexo 1)}, dio como resultado que el valor medio de este indicador no se manifiesta de forma homogénea en todos los años estudiados, el rango medio mínimo se presenta en el año 1977 y el máximo en 2012. Se muestran diferencias significativas entre años con $p < 0,001$ {tabla 15 (anexo 1)}.

La comparación univariada entre tratamientos mediante la prueba de Wilcoxon presentó diferencias altamente significativas en todas las comparaciones excepto entre los años 2006 y 1986 {tabla 16 (anexo 1)}.

Para hacer la comparación de los valores medios de esbeltez entre tratamientos se aplicó la prueba de Kruskal Wallis, que detectó diferencias en los años 1977, 2004, 2006 y 2012 {tabla 17 (anexo 1)}. Las probabilidades resultantes de las comparaciones pareadas mediante la prueba U de Mann Whitney con respecto al testigo se presentan en la {tabla 18 (anexo 1)}, lo más interesante es que las diferencias significativas se concentran en los años 2004, 2006 y 2012. Los resultados de la tabla de contingencia y el estadístico Chi Cuadrado se presentan en las {tablas 19 y 20 (anexo 1)}.

No hubo una cantidad significativa de valores críticos para el índice de esbeltez, {figura 10 (anexo 1)}, por lo que se considera que hay estabilidad en las masas, no obstante el resultado de la prueba Chi cuadrado, {tabla 19 (anexo 1)}, muestra dependencia significativa entre la cantidad de mediciones de esbeltez por encima de 100 y los tratamientos, p =0,002, {tabla 20 (anexo 1)}, siendo los resultados menos favorables los del tratamiento T2, lo que significa que las masas son más frágiles desde este punto de vista, (Aldana, 2010), dicho autor refiere que cuanto más pequeña sea la relación, más estable es la masa, un factor inferior a 80 caracteriza a masas resistentes a posibles riesgos de derribos por fuertes vientos; un factor igual o superior a 100 significa masas muy frágiles, volviéndose prácticamente imposible cualquier raleo. En esta investigación se obtuvo que la aplicación de una dosis de 300 g. árbol^{-1} influye desfavorablemente el índice de esbeltez.

Se utilizó como medida de agregación la media geométrica, {tabla 21 (anexo 1)}, de acuerdo con estos valores descriptivos se aprecia un comportamiento general favorable en cuanto al indicador (cercano a 70 %), no se puede pasar por alto que estas masas no se le aplicó raleo, lo cual coincide con los resultados de (Costas *et al.*, 2005) que en su ensayo demostró que en la masa de *Pinus taeda* L. la rectitud de los fustes aumenta con la densidad.

III.6. Efecto de la fertilización sobre la retención de carbono.

La fertilización juiciosa a plantaciones forestales favorece el almacenamiento del carbono por los árboles, como se observa en la {tabla 22 (anexo 1)} los tratamientos donde se aplicaron las mayores dosis de fertilizante produjeron las mayores reservas de carbono superando al testigo en 50,43 t/ha a la edad de 41 años, en el tratamiento T2 donde se aplicó la dosis más baja obtuvo valores inferiores al tratamiento testigo, lo que corrobora lo planteado por (Reyes *et al.*, 2014) que cuando se aplican dosis por debajo de las adecuadas se crean desequilibrios nutrimentales y consecuentemente menores crecimientos.

Bruce *et al.* (1996) citado por Mogas *et al.* (2005), plantearon la posibilidad de utilizar el crecimiento de masas forestales como forma de almacenamiento de carbono para afrontar el posible cambio climático y aumentar el secuestro de carbono por las plantaciones forestales.

Si se tiene en cuenta que la aplicación entre 800 y 1 000 g.árbol^{-1} de fertilizante químico contribuye a aumentar la retención de carbono como promedio en 136,4 t/ha más, como un efecto adicional del bosque, se puede afirmar que la aplicación de fertilizante mineral de forma fraccionada en los primeros cinco años de establecida la plantación favorece tanto a los indicadores de crecimiento y el rendimiento de las plantaciones, como a la restauración de la biodiversidad vegetal, así como el mejoramiento de las propiedades de suelo y la retención de carbono.

La sostenibilidad de las plantaciones forestales requiere la consideración de factores económicos y ambientales. Muchos experimentos de campo demostraron que con el empleo de grandes cantidades de fertilizantes se incrementa el crecimiento de los árboles. (Muller da Silva *et al.*, 2013). La fertilización con nitrógeno tiene la capacidad de alterar significativamente el ambiente del suelo forestal y puede incrementar el almacenamiento de carbono (Smaill *et al.*, 2008). En experimentos desarrollados por (Shryock *et al.*, 2014) la fertilización con nitrógeno incrementó significativamente el carbono secuestrado por árbol con respecto a las parcelas que no fueron fertilizadas.

Según estudios realizados por BBC MUNDO (2003) y la FAO (2003), de forma general los bosques proporcionan un servicio ambiental único en su género al eliminar el dióxido de carbono de la atmósfera, almacenarlo en la biomasa, el suelo y los productos y ofrecer una alternativa sostenible a los combustibles fósiles. Particularmente, las plantaciones forestales de rápido crecimiento (pino y eucalipto) tienen efectos benéficos para el medio ambiente, ya que colaboran a disminuir el efecto invernadero.

Los bosques prestan importantes servicios ambientales, como la conservación de los suelos y agua, protección de la biodiversidad, regulación del clima, reducción del efecto invernadero, etc. Ya está reconocido mundialmente el papel que desempeñan en el ciclo del carbono y muchos países han aceptado pagar para conservarlos (Mery, 1998).

En el caso específico de las plantaciones forestales, al margen de reverdecer el planeta, las mismas pueden jugar un papel importante en la retención del carbono y en apoyo de los esfuerzos globales para resolver los problemas del efecto invernadero y de los cambios climáticos (Salleh, 1997).

Wright *et al.* (2000) plantearon que el aumento de las plantaciones, especialmente con especies de crecimiento rápido, es una medida que favorece la absorción de CO_2 atmosférico.

Factores como la longitud de la rotación, el manejo de los residuos y la aplicación de silvicultura intensiva, junto con un mejoramiento de la gestión de los recursos, pueden también afectar la capacidad potencial de captura de C de los bosques (FAO, 2001; Pussinen *et al.*, 2002).

La representación gráfica de los volúmenes de carbono según los diferentes tratamientos y edades, refleja lo anteriormente expuesto {figura 11 (anexo 1)}. Se observa que los tratamientos donde se aplicaron dosis de fertilizante superiores a los 300 g.árbol^{-1} se obtienen volúmenes de carbono significativos, el tratamiento T2 donde se aplicó la dosis más baja los valores obtenidos son inferiores al tratamiento testigo, resultados similares se obtuvieron cuando se realizó este análisis al volumen de madera, ratificándose lo planteado por Vásquez (2001) y (Reyes *et al.*, 2014).

III.7. Análisis económico.

Los tratamientos T3, T4, T5, T6, T7 y T8 reportaron efectos económicos positivos, excepto el tratamiento T2 donde se aplicó una dosis mínima de 300 g. árbol^{-1}, en la {figura 12 (anexo 1)} se presentan las diferencias en beneficio económico y la relación valor / costo de los tratamientos con respecto al testigo. Las ganancias para los tratamientos del T3 al T8 están por encima de los $ 6 000 ha^{-1}, destacándose el tratamiento T8 con la mayor ganancia, superior a los $ 10 000 ha^{-1}, las pérdidas ocasionadas en el tratamiento T2 fueron inferiores a $ 2 200 ha^{-1} a los 41 años de edad de la plantación y las relaciones V/C para los tratamientos T3, T4, T5, T6, T7 y T8 fueron superiores a dos, valor que, según recomienda FAO (1986), es aceptable para una inversión en fertilización.

De forma general los tratamientos T3, T4, T6, T7 y T8 fueron los de mejores resultados alcanzados destacándose el T8 con un beneficio económico superior a los $ 10 000 ha^{-1} y una relación valor / costo superior a tres. Es importante resaltar que el tratamiento T7 se ha comportado como el más estable en todas las variables evaluadas durante todo el proceso de desarrollo de este trabajo en el análisis económico, a pesar de obtener una relación valor / costo de 2,8 inferior a otros tratamientos, su beneficio económico es superior a los $ 8 000 ha^{-1}. Cualesquiera de estas últimas variantes representa una opción atractiva para el manejo silvícola, en dependencia del fertilizante que se disponga y del uso al que se destine la madera, en aras de obtener el máximo de rendimiento en volumen, así como las mayores ganancias y la mejor relación valor / costo.

III.8. Inventario florístico.

Fueron identificadas 47 especies en el área objeto de estudio {tablas 23 y 24 (anexo 1)} las mismas se distribuyen en un total de 33 familias, de ellas las mejores representadas son: Apocynaceae, Cyperaceae, Malvaceae, Mimosaceae y Sapindaceae con dos especies, Poaceae y Rubiaceae con cinco especies.

Del total de especies identificadas en el área de estudio 33 se encontraron presentes en el período hidrológico poco lluvioso {tabla 23 (anexo 1)} y en el período lluvioso se cuantificaron 45 {tabla 24 (anexo 1)}, de las que 14 son especies que no se encontraron en el muestreo realizado en el período hidrológico poco lluvioso (2012) y dos desaparecieron con respecto a este.

De las 47 especies identificadas se clasifican según su origen en: 35 autóctonas (74,5 %), 8 endémicas (17,0 %) y 4 alóctonas (8,5 %) {figura 13 (anexo 1)}, es importante destacar la dominancia de las autóctonas y endémicas, lo que demuestra la importancia de una adecuada reforestación para la recuperación de la estructura del ecosistema.

Dentro de las especies alóctonas la presencia de *Acacia mangium* Willd. constituye un aspecto negativo a tener en cuenta por la gran adaptabilidad que posee a las condiciones de suelo y clima predominantes en las Alturas de Pizarras, pues es una especie que sus semillas tienen altísimo poder germinativo y alta regeneración natural y además de que se ha utilizado en los planes de reforestación en el país.

Los resultados obtenidos en esta investigación concuerdan con los reportados por González (2006) en los que al evaluar el reclutamiento de especies bajo una plantación de *P. caribaea* a los 33 años de edad en Alturas Pizarra plantada a diferentes espaciamientos encontró 32 especies a las que se hace mención en este trabajo.

Fuentes (2004) y González (2006) reportan, en áreas naturales aledañas a las parcelas experimentales, 21 y 25 especies, respectivamente, coincidentes con las que aparecen en los inventarios de las {tablas 23 y 24 (anexo 1)}.

Los análisis realizados a la vegetación asociada a esta plantación por Herrero *et al.* (2004), en el período hidrológico poco lluvioso, identificaron 34 especies de conjunto en el área experimental y un área natural, de las cuales solo 23 fueron reportadas en igual período durante la realización de este trabajo en el área experimental.

Dada la similitud en cuanto a la cantidad de especies reclutadas entre los dos períodos hidrológicos estudiados en este trabajo se puede inferir que la estructura espacial en esta área se acerca al clímax o a la restauración ecológica donde las especies reportadas como típicas de esta zona antes de establecida la plantación de *P. caribaea* son las que predominan actualmente.

Las diferencias en cuanto a la cantidad de especies reportadas en los diferentes períodos está dada fundamentalmente por la aparición de más del 60 % de hierbas y bejucos típicos del período hidrológico lluvioso.

Las especies más representadas en el estrato mayor de 1,30 m son: *Quercus oleoides* Schltdl. & Cham. (encino), *Clusia rosea* Jacq. (copey), *Alibertia edulis* Rich. (pitajoní hembra), *Roigella correifolia* (Griseb.) (jazmín de pinar), *Byrsonima crassifolia* L. (peralejo del pinar), *Faramea occidentalis* (L.) A. Rich. (cafetillo) y *Conostegia xalapensis* D. Don (cordobán grande), estos resultados coinciden con las reportados por (Samek & Del Risco, 1989) para el estrato arbustivo y arbóreo en plantaciones de pinares en Alturas de Pizarras en Pinar del Río.

Al respecto Ward *et al.* (2006) en su estudio, en varias zonas de Australia, donde se decidió restaurar la vegetación autóctona de zonas explotadas por la minería a cielo abierto, alega que las aplicaciones iniciales de fertilizantes aumentan el número de especies, la cobertura, densidad vegetal y las tasas de crecimiento. Samek (1967) expone que tanto las especies autóctonas, endémicas como las alóctonas desempeñan un rol fundamental en la conservación del suelo en sitios desprovistos de todo tipo de vegetación. Citado por Bruzón (2013).

III.8.1. Especies reclutadas por tratamientos de fertilización, estratos y período hidrológico.

Para el tratamiento testigo se encontraron un total de 38 especies de las cuales 25 (65,8 %) pertenecen al estrato menor de 1,30 metros y 13 (34,2 %) al estrato mayor de 1,30 metros figs. 13. y 14 (anexo 1).

De las 38 especies identificadas en el tratamiento testigo, se clasifican según su origen en: 32 autóctonas (84,2 %), cinco endémicas (13,2 %) y una alóctona (2,6 %) (anexo 2 a).

En el tratamiento T1 para el estrato menor de 1,30 m resalta el predominio de autóctonas y endémicas con la presencia de una sola especie alóctona, coinciden ocho especies en orden descendente de abundancia, independientemente del período hidrológico, ellas son: *Scleria melaleuca* Rchb., *Davilla rugosa, Sorghastrum stipoides* (Kunth) Nash., *Conostegia xalapensis* D. Don, *Clusia rosea* Jacq., *Alibertia edulis* Rich, *Faramea occidentalis* (L.) A. Rich. y *Matayba apetala* {figura 14 (anexo 1)}.

Coccocypselum guianense (Aubl.) K. Schum. aparece en el período hidrológico lluvioso, comportándose como una especie errática, pues Herrero *et al.* (2004) la reporta en el período hidrológico poco lluvioso (febrero 2004), no apareció en un muestreo realizado en el 2006 en seca y González (2006) reporta su presencia en el período hidrológico lluvioso.

Urena lobata L., *Imperata brasiliensis* Trin, *Melochia villosa* (Mill.) desaparecen en seca y aparecen en el período hidrológico de lluvia.

De *Psychotria androsaemifolia* Griseb su población es mínima en seca y aparece en el período hidrológico lluvioso, *Allophylus cominia* tiene poblaciones mínimas en ambas épocas.

Paspalum virgatum, Lin, *Roigella correifolia* (Griseb.) y *Didymopanax morototoni* aparecen en el período hidrológico lluvioso, las dos últimas comienzan a aparecer en 2013 (lluvia), en el caso del *Paspalum virgatum,* Lin. solo se encontró un individuo en esta época.

En el tratamiento testigo para el estrato mayor de 1,30 m solo se encuentran especies autóctonas y endémicas, coinciden 10 especies en orden descendente de abundancia, independientemente del período hidrológico {figura 15 (anexo 1), (anexo 2 a)}.

Cyathea arborea, Smith de la familia de las Cyatheaceae, como indicadora de humedad, aparece en el período hidrológico lluvioso.

Para el tratamiento T2 donde se aplicó una única dosis de 300 g/árbol^{-1} se encontraron un total de 43 especies de las cuales 28 (65,1 %) pertenecen al estrato menor de 1,30 metros y 15 (34,9 %) al estrato mayor de 1,30 metros {figuras 16 y 17 (anexo 1)}.

De las 43 especies identificadas en el tratamiento T2 se clasifican según su origen en: 33 autóctonas (76,7 %), seis endémicas (14 %) y cuatro alóctonas (9,3 %) (anexo 2 b).

En el tratamiento T2 para el estrato menor de 1,30 m resalta el predominio de autóctonas y endémicas con la presencia de tres especies alóctonas, (anexo 2 b), coinciden siete especies en orden descendente de abundancia, independientemente del período hidrológico. Ellas son: *Sorghastrum stipoides* (Kunth) Nash., *Davilla rugosa, Conostegia xalapensis* D. Don, *Scleria melaleuca* Rchb., *Faramea occidentalis* (L.) A. Rich., *Smilax havanensis,* Jacq., Var., *Clusia rosea* Jacq. {figura 16 (anexo 1)}.

Coccocypselum guianense (Aubl.) K. Schum. al igual que en el tratamiento T1 solo aparece en el período hidrológico de lluvia (2013).

Imperata brasiliensis Trin, *Cuscuta americana* L., *Odontosoria wrightiana, Tillandsia fasciculata* Sw., *Plumbago scandens,* Lin., *Syzygium jambos* (L.), *Casearia hirsuta* Sw., *Cyathea arborea,* Smith, se encontraron presentes en la el período hidrológico lluvioso, las últimas cuatro especies sus poblaciones fueron mínimas, encontrando un solo individuo por cada una.

Pithecellobium abovale (Rich.) y *Cyperus rotundus,* Lin. no se encontraron presentes en el período lluvioso.

En el tratamiento T2 para el estrato mayor de 1,30 m se encuentran especies autóctonas, endémicas y dos alóctonas coinciden *Faramea occidentalis* (L.) A. Rich. y *Byrsonima crassifolia* L. en orden descendente de abundancia, independientemente del período hidrológico {figura 17 (anexo 1), (anexo 2 b)}.

Roigella correifolia (Griseb.), *Alibertia edulis* Rich., *Fischeria crispiflora* (Sw.) y *Cyathea arborea,* Smith, se encuentran en el período hidrológico lluvioso y *Alchornea latifolia,* Sw. desaparece en este período, el resto de las especies encontradas en el tratamiento la cantidad de individuos es baja. En este tratamiento donde se aplicó una única dosis de 300 g árbol^{-1} se encontraron la mayor cantidad de especies alóctonas, además resultó el único donde se encontraron en el estrato mayor de 1,30 m, de lo que se puede inferir que el pobre desarrollo de la plantación demostrado para este tratamiento en el capítulo anterior propició la mayor presencia de estas especies.

Para el tratamiento T3 se encontraron un total de 41 especies de las cuales 27 (65,9%) pertenecen al estrato menor de 1,30 metros y 14 (34,1 %) al estrato mayor de 1,30 metros {figuras 18 y 19 (anexo 1)}.

De las 41 especies identificadas en el tratamiento T3, se clasifican según su origen en: 35 autóctonas (85,4 %), cinco endémicas (12,2 %) y una alóctona (2,4 %) (anexo 2 c).

En el tratamiento T3 para el estrato menor de 1,30 m resalta el predominio de autóctonas y endémicas con la presencia de una especie alóctona, coinciden ocho especies en orden descendente de abundancia, independientemente del período hidrológico, ellas son: *Davilla rugosa, Scleria melaleuca* Rchb., *Coccocypselum guianense* (Aubl.) K. Schum., *Sorghastrum stipoides* (Kunth) Nash., *Imperata brasiliensis* Trin, *Conostegia xalapensis* D. Don, *Chrysobalanus icaco* L., *Faramea occidentalis* (L.) A. Rich. {figura 18 (anexo 1)}.

Cuscuta americana L., *Smilax havanensis,* Jacq. Var., *Fischeria crispiflora (Sw.).*, *Roigella correifolia* (Griseb.), *Melochia villosa* (Mill.), *Alibertia edulis* Rich., *Callisia repens,* L., *Allophylus cominia, Pinus caribaea* var. *caribaea, Plumeria emarginata*

Griseb., se encuentran presentes en el período hidrológico lluvioso (2013), de las últimas cinco especies solamente se encontró un individuo.

Clusia rosea Jacq., *Byrsonima crassifolia* L., *Alibertia edulis* Rich., *Citharexylum fruticosum* L., *Plumeria emarginata* Griseb., *Guarea guara* Jasq., *Pinus caribaea* var. *caribaea, Cyathea arborea,* Smith, no se encontraron presentes en el período hidrológico poco lluvioso (2012), las últimas cuatro especies la cantidad de individuos fue mínima.

En el tratamiento T3 para el estrato mayor de 1,30 m solo se encuentran especies autóctonas y endémicas (anexo 2 c). Coinciden *Conostegia xalapensis* D. Don, *Faramea occidentalis* (L.) A. Rich., y *Quercus oleoides* Schltdl. & Cham. en orden descendente de abundancia, independientemente del período hidrológico {figura 19 (anexo 1)}.

Para el tratamiento T4 se encontraron un total de 40 especies, de las cuales 29 (72,5%) pertenecen al estrato menor de 1,30 metros y 11 (27,5 %) al estrato mayor de 1,30 metros {figuras 20 y 21 (anexo 1)}.

De las 40 especies identificadas en el tratamiento T4, se clasifican según su origen en: 31 autóctonas (77,5 %), seis endémicas (15 %) y una alóctona (2,5 %) (anexo 2 d).

En el tratamiento T4 para el estrato menor de 1,30 m resalta el predominio de autóctonas y endémicas con la presencia de una sola especie alóctona, coinciden ocho especies en orden descendente de abundancia, independientemente del período hidrológico. Ellas son: *Sorghastrum stipoides* (Kunth) Nash., *Scleria melaleuca* Rchb., *Coccocypselum guianense* (Aubl.) K. Schum., *Davilla rugosa,*

Conostegia xalapensis D. Don, *Psychotria androsaemifolia* Griseb, *Faramea occidentalis* (L.) A. Rich. y *Smilax havanensis,* Jacq., Var {figura 20 (anexo 1)}.

Imperata brasiliensis Trin, *Myrica cerifera,* Lin., *Cuscuta americana* L., *Melochia villosa* (Mill.), *Xylopia aromatica* A. Rich., *Tabebuia lepidota* (Kunth) Britton, *Fischeria crispiflora* (Sw.), *Chrysobalanus icaco* L., *Citharexylum fruticosum* L., *Pinus caribaea* var. *caribaea* y *Plumeria emarginata* Griseb., solo se encuentran presentes en el período hidrológico lluvioso (2013), las últimas cinco especies su abundancia es mínima {figura 20 (anexo 1)}.

En el tratamiento T4 para el estrato mayor de 1,30 m solo se encuentran especies autóctonas y endémicas (anexo 2 d). Coinciden siete especies en orden descendente de abundancia, independientemente del período hidrológico {figura 21 (anexo 1)}.

Xylopia aromatica A. Rich. y *Tabebuia lepidota* (Kunth) Britton, se encuentran presentes en el período hidrológico lluvioso y *Matayba apetala* (Macf.) Radlk. no se localizó ningún individuo en el período hidrológico lluvioso.

Para el tratamiento T5 se encontraron un total de 40 especies, de las cuales 28 (70%) pertenecen al estrato menor de 1,30 metros y 12 (30 %) al estrato mayor de 1,30 m {figuras 22 y 23 (anexo 1)}.

De las 40 especies identificadas en el tratamiento T5, se clasifican según su origen en: 32 autóctonas (80 %), seis endémicas (17,5 %) y una alóctona (2,5 %) (anexo 2 e).

En el tratamiento T5 para el estrato menor de 1,30 m resalta el predominio de autóctonas y endémicas con la presencia de una sola especie alóctona, coinciden 12 especies en orden descendente de abundancia, independientemente del período hidrológico, ellas son: *Sorghastrum stipoides* (Kunth) Nash., *Scleria melaleuca* Rchb., *Davilla rugosa, Coccocypselum guianense* (Aubl.) K. Schum., *Faramea occidentalis* (L.) A. Rich., *Conostegia xalapensis* D. Don, *Smilax havanensis,* Jacq., Var., *Imperata brasiliensis* Trin, *Urena lobata* L., *Clusia rosea* Jacq., *Quercus oleoides* Schltdl. & Cham., *Byrsonima crassifolia* L. {figura 22 (anexo 1)}.

Roigella correifolia (Griseb.), *Psychotria androsaemifolia, Tabebuia lepidota* (Kunth) Britton, *Paspalum notatum, Callisia repens,* L., *Fischeria crispiflora* (Sw.). *Cojoba arborea* (L.) Britton & Rose, aparecen en el período hidrológico lluvioso y la abundancia de las últimas tres especies es muy reducida, tan solo se cuantificó un individuo por cada una.

En el tratamiento T5 para el estrato mayor de 1,30 m solo se encuentran especies autóctonas y endémicas (anexo 2 e). Coinciden cuatro especies en orden descendente de abundancia, independientemente del período hidrológico. Ellas son: *Quercus oleoides* Schltdl. & Cham., *Conostegia xalapensis* D. Don, *Faramea occidentalis* (L.) A. Rich. y *Clusia rosea* Jacq. {figura 23 (anexo 1)}.

Citharexylum fruticosum L., *Alibertia edulis* Rich., *Roigella correifolia* (Griseb.), *Allophylus cominia* y *Matayba apetala* (Macf.) Radlk, no se encuentran presentes en el período hidrológico poco lluvioso (2012).

Para el tratamiento T6 se encontraron un total de 38 especies, de las cuales 26 (68,4 %) pertenecen al estrato menor de 1,30 metros y 12 (31,6 %) al estrato mayor de 1,30 m {figuras 24 y 25 (anexo 1)}.

De las 38 especies identificadas en el tratamiento T6, se clasifican según su origen en: 30 autóctonas (79 %) y ocho endémicas (21 %) (anexo 2 f).

En el tratamiento T6 para el estrato menor de 1,30 m resalta el predominio de autóctonas y endémicas es el único tratamiento en el que no se encontraron especies alóctonas en ninguno de los estratos, coinciden 13 especies en orden descendente de abundancia, independientemente del período hidrológico.

Cuscuta americana L., *Espadaea amoena* A. Rich, *Odontosoria wrightiana, Paspalum notatum, Fischeria crispiflora (Sw.), Citharexylum fruticosum* L., *Callisia repens,* L. y *Cojoba arborea* (L.) Britton & Rose, solo se encuentran presentes en el período hidrológico lluvioso (2013) {figura 24 (anexo 1)}.

En el tratamiento T6 para el estrato mayor de 1,30 m solo se encuentran especies autóctonas y endémicas (anexo 2 f). Concuerdan seis especies en orden descendente de abundancia, independientemente del período hidrológico. Ellas son: *Conostegia xalapensis* D. Don, *Faramea occidentalis* (L.) A. Rich., *Quercus oleoides* Schltdl. & Cham., *Alibertia edulis* Rich., *Byrsonima crassifolia* L. *Clusia rosea* Jacq. y *Cyathea arborea,* Smith, {figura 25 (anexo 1)}, *Allophylus cominia* no es reportada en este estrato en la época de seca, *Didymopanax morototoni* aparece en dicho estrato en época de seca.

Para el tratamiento T7 se encontraron un total de 37 especies de las cuales 27 (73,0%) pertenecen al estrato menor de 1,30 metros y 10 (27,0 %) al estrato mayor de 1,30 m {figuras 26 y 27 (anexo 1)}.

De las 37 especies identificadas en el tratamiento T7, se clasifican según su origen en: 30 autóctonas (81,1 %), cinco endémicas (13,5 %) y dos alóctonas (5,4 %) (anexo 2 g).

En el tratamiento T7 para el estrato menor de 1,30 m resalta el predominio de autóctonas y endémicas con la presencia de dos especies alóctonas, coinciden 12 especies en orden descendente de abundancia, independientemente del período hidrológico. Ellas son: *Coccocypselum guianense* (Aubl.) K. Schum., *Sorghastrum stipoides* (Kunth) Nash., *Davilla rugosa, Scleria melaleuca* Rchb., *Smilax havanensis, Conostegia xalapensis* D. Don, *Faramea occidentalis* (L.) A. Rich., *Clusia rosea* Jacq., *Quercus oleoides* Schltdl. & Cham., *Imperata brasiliensis* Trin., *Psychotria androsaemifolia* y *Alibertia edulis* Rich. {figura 26 (anexo 1)}.

Fischeria crispiflora (Sw.), *Cuscuta americana* L., *Psychotria androsaemifolia, Cojoba arborea* (L.) Britton & Rose, *Xylopia aromatica* A. Rich., *Allophylus cominia* y *Alsophila myosuroides* aparecen en el período hidrológico de lluvia y *Tricholaena rosea, Nees* desaparece en esta época.

En el tratamiento T7 para el estrato mayor de 1,30 m solo se encuentran especies autóctonas y endémicas (anexo 2 g), convergen seis especies en orden descendente de abundancia, independientemente del período hidrológico. Ellas son: *Faramea occidentalis* (L.) A. Rich., *Quercus oleoides* Schltdl. & Cham., *Conostegia xalapensis* D. Don, *Citharexylum fruticosum* L., *Clusia rosea* Jacq. y *Roigella correifolia* (Griseb.) {figura 27 (anexo 1)}.

Alibertia edulis Rich., *Byrsonima crassifolia* L., *Xylopia aromatica* A. Rich. desaparecen en el período hidrológico de lluvia, lo contrario ocurre con *Didymopanax morototoni.*

Para el tratamiento T8 se encontraron un total de 41 especies, de las cuales 29 (70,7%) pertenecen al estrato menor de 1,30 m y 12 (29,3 %) al estrato mayor de 1,30 m {figuras 28 y 29 (anexo 1)}.

De las 41 especies identificadas en el tratamiento T8, se clasifican según su origen en: 31 autóctonas (75,6 %), ocho endémicas (19,5 %) y dos alóctonas (4,9 %) (anexo 2 h).

En el tratamiento T8 para el estrato menor de 1,30 m, al igual que en todos los estratos antes mencionados, resalta el predominio de autóctonas y endémicas con la presencia de dos especies alóctonas (anexo 2 h). Concurren ocho especies en orden descendente de abundancia, independientemente del período hidrológico, ellas son: *Davilla rugosa, Sorghastrum stipoides* (Kunth) Nash., *Scleria melaleuca* Rchb., *Coccocypselum guianense* (Aubl.) K. Schum., *Imperata brasiliensis* Trin., *Faramea occidentalis* (L.) A. Rich., *Callisia repens* y *Conostegia xalapensis* D. Don {figura 28 (anexo 1)}.

Cuscuta americana L., *Alsophila myosuroides, Psychotria androsaemifolia, Paspalum notatum, Roigella correifolia* (Griseb.), *Fischeria crispiflora* (Sw.). *Citharexylum fruticosum* L., *Pithecellobium abovale* (Rich.) *y Plumbago scandens,* Lin. no se encontraron presentes en el período hidrológico poco lluvioso (2012), las cantidades de las últimas cinco especies fueron mínimos.

En el tratamiento T8 para el estrato mayor de 1,30 m solo se encuentran especies autóctonas y endémicas (anexo 2h). Coinciden cinco especies en orden descendente de abundancia, independientemente del período hidrológico. Ellas son: *Quercus oleoides* Schltdl. & Cham., *Faramea occidentalis* (L.) A. Rich., *Conostegia xalapensis* D. Don, *Roigella correifolia* (Griseb.) y *Byrsonima crassifolia* L. {figura 29 (anexo 1)}. *Allophylus cominia* y *Xylopia aromatica* A. Rich. desaparecen en el período hidrológico seco y de *Alchornea latifolia,* Sw y *Didymopanax morototoni* no se identificó ningún individuo en el período hidrológico lluvioso.

De forma general, las 10 especies más abundantes en el estrato menor de 1,30 m fueron las siguientes: *Scleria melaleuca* Rchb., *Sorghastrum stipoides* (Kunth) Nash., *Davilla rugosa, Coccocypselum guianense* (Aubl.) K. Schum., *Conostegia xalapensis* D. Don, *Faramea occidentalis* (L.) A. Rich., *Imperata brasiliensis* Trin, *Smilax havanensis,* Jacq., Var., *Clusia rosea* Jacq. *y Quercus oleoides* Schltdl. & Cham. y para el estrato mayor de 1,30 m fueron: *Faramea occidentalis* (L.) A. Rich., *Conostegia xalapensis* D. Don, *Quercus oleoides* Schltdl. & Cham., *Byrsonima crassifolia* L., *Clusia rosea* Jacq., *Alibertia edulis* Rich., *Roigella correifolia* (Griseb.), *Citharexylum fruticosum* L., *Matayba apetala* (Macf.) Radlk. y *Chrysobalanus icaco* L.

En toda el área experimental se observa que existe un predominio de las autóctonas en ambos estratos, seguida por las endémicas y las alóctonas con abundancias mínimas o ausentes (específicamente en el T6) {figura 30 (anexo 1)}. Esto refleja que la composición especifica y la abundancia de las comunidades vegetales no se altera por la fertilización cuando la misma se aplica de forma juiciosa, es decir, teniendo en cuenta un rendimiento máximo de la especie plantada y la composición estructural vegetal.

Los resultados obtenidos en este trabajo manifiestan que las diferencias que pueden sobrevenir con el uso de fertilizantes en cuanto al reclutamiento de especies vegetales en el transcurso del tiempo, o sea, a la edad de 41 años de la plantación no se afectan por la fertilización.

Al respecto, Bruzón (2013), al evaluar el reclutamiento de especies en una plantación de *P. caribaea* a los 15 años de edad, plantea que el efecto de la aplicación de fertilizantes fue significativo sobre la cantidad y diversidad de especies que crecen junto a las nuevas plantaciones. Además, afirma que cualquier tratamiento de fertilización induce el retorno de mayor cantidad de plantas.

Riverón *et al.* (2007) argumentan que en la rehabilitación de las áreas afectadas tienen gran influencia las condiciones climáticas, unidas a la falta de un medio edáfico apropiado para almacenar agua y a las nefastas propiedades y características físico-químicas de los suelos degradados, todo lo cual hace que la recuperación de la cubierta vegetal en las áreas afectadas por actividades antrópicas sea muy difícil, citado por (Bruzón, 2013).

Dentro del estrato menor de 1,30 m se encuentran las lianas presentes, como *Davilla rugosa* (bejuco colorado), que llega hasta estrangular y ahogar a los árboles que atrape y favorece el paso de los incendios, por lo que se debe eliminar o controlar.

La riqueza en todos los tratamientos es similar y la abundancia es menor en los tratamientos T2, T3 y T6 {tabla 25 (anexo 1)}, de lo que se puede inferir que la fertilización fraccionada en los primeros cinco años de establecida la plantación no afecta el reclutamiento de especies a largo plazo.

Según lo planteado por González (2006), al realizar el análisis químico del follaje verde a las especies presentes en el sotobosque de una plantación de pinares en

Alturas de Pizarra, reviste gran importancia conservar el sotobosque para el reciclado de nutrientes y el mantenimiento de la fertilidad del suelo.

En ese sentido resaltan *Chrysobalanus icaco* L., *Quercus oleoides* Schltdl. & Cham., *Faramea occidentalis* (L.) A. Rich., *Conostegia xalapensis* D. Don, *Davilla rugosa* y *Roigella correifolia* (Griseb.), que se encuentran dentro de las más abundantes y que a su vez son altas aportadoras de nutrientes.

Didymopanax morototoni (Aubl.) crece naturalmente terrenos montañosos y aparece en los tratamientos T1, T6, T7 y T8, es decir, la misma llega porque hay un mejoramiento de las propiedades del suelo.

La presencia dentro de las especies de mayor valor a tener en cuenta para establecer un manejo silvícola, *Didymopanax morototoni* (Aubl.), *Casearia hirsuta* Sw., *Guarea guara* Jasq., *Chrysobalanus icaco* L., como un factor importante para el enriquecimiento de los suelos, por ser las de mayor aporte de nutrientes, dicho autor resalta el contenido de fósforo presente en las especies *Didymopanax morototoni* (Aubl), *Citharexylum fruticosum* L., *Paspalum vergatun* Lin., *Urena lobata* L. como un factor importante para el enriquecimiento de los suelos, teniendo en cuenta que los suelos tropicales en general (Thomas y Ayanza, 1999) y los suelos forestales cubanos en particular (Herrero, 2001; García *et al.*, 2006) son extremadamente pobres en fósforo. De esa forma las especies mencionadas realizan una fertilización natural, con mayor importancia si se tiene en cuenta que la única fuente natural de este elemento se encuentra en el suelo, al que se incorpora por meteorización de la roca madre, garantizando de esa manera el ciclo bioquímico del fósforo y una mejor nutrición de las plantaciones de pinos (Herrero, 2001).

Amerita destacar que las especies mencionadas anteriormente, a la hora de efectuar las diferentes actividades culturales, se les debe dar un manejo especial, garantizando que no lleguen a amenazar el correcto desarrollo de los pinos, pues a mediano y largo plazos lejos de perjudicar su normal desarrollo lo beneficiarán, ya que contribuyen al aumento de la fertilidad y la conservación de la humedad de los suelos esqueléticos y así restablecer el proceso de resilencia, al ecosistema comenzar a regresar a su estado original después de ser perturbado y desplazado de su estado natural inicial (Begon *et al.*, 1996), citado por (González, 2006).

Las plantas fijadoras de nitrógeno atmosférico aceleran sucesiones vegetales en suelos pobres, al respecto Frioni (1999) y Rodríguez (1999); citado por Bruzón (2013) recomiendan dosis de 60 y 230 Kg N $ha^{-1}año^{-1}$ en casuarina y subrayan además que las plantas leñosas, fijadoras de nitrógeno, tienen ganancias a nivel de suelo iguales o superiores a 100 Kg N $ha^{-1}año^{-1}$, del mismo orden o magnitud que los aportados como fertilizantes en coníferas, elementos estos significativos en la aparición de un estrato herbáceo muy numeroso.

Los resultados obtenidos definen que en el ecosistema, aunque no se hayan evaluado todos sus componentes, se encuentra en proceso de rehabilitación, lo cual se demuestra por el retorno de su vegetación nativa, aumento de la riqueza de especies e incrementos de los rendimientos de las especies plantadas.

Villate (2011) plantea que sucesión vegetal se entiende, en general, como las consecuencias naturales por las cuales un individuo o comunidad de individuos reemplaza a otro en un hábitat con el paso del tiempo, o el proceso mediante el cual tiene lugar esta sustitución. A pesar de que en la gran mayoría de las superficies muy alteradas no se logra recuperar lo que antes existía, es posible inducir el desarrollo de una vegetación protectora que permita conservar las características ecológicas originales y parte de la diversidad de plantas y animales.

Perder biodiversidad es perder oportunidades de mejorar la calidad de vida, así como la posibilidad de incorporar diferentes especies y sus variedades a la dieta humana, de obtener sustancias naturales de importancia para el mantenimiento de la salud y cura de enfermedades, de proteger la calidad del agua y el suelo mediante el mantenimiento de la cubierta forestal y de disfrutar de opciones recreativas y estéticas (Garibaldi, 2008).

III.9. Efecto de la fertilización sobre algunas propiedades físico – químicas del suelo.

Al establecer una comparación de los valores de las características de los suelos por tratamientos a los 43 años de edad de la plantación, con los datos tomados de Awan & Frías (1970), (anexo 3) de forma general se aprecia un enriquecimiento de estos suelos dado por la incorporación en mayor o menor medida de follaje y otras partes de las diferentes especies vegetales existentes en el interior de esta plantación. Por lo que se demuestra que al pasar los años se comienza a recuperar la fertilidad de estos suelos, al restablecerse las condiciones del ecosistema e incorporarse la vegetación de latifolias, principalmente en el sotobosque, las cuales contribuyen de inmediato con el aporte de materia orgánica y de bases, estos resultados concuerdan con los obtenidos por González (2006) quien al evaluar una plantación de *P. caribaea* a los 34 años de establecida en Alturas de Pizarra, demostró que las propiedades del suelo mejoraban al pasar de los años.

La tabla 26 (anexo 1) muestra los resultados del análisis químico al suelo de 0 – 30 cm de profundidad según los diferentes tratamientos utilizados a los 42 años de haberse establecido la plantación, como se puede apreciar en la mayoría de los indicadores evaluados no existen diferencias significativas.

Los fertilizantes tuvieron una influencia significativa sobre los contenidos de P disponible {tabla 26 (anexo 1)}, los tratamientos T5, T6, y T7, T8 donde se aplicaron las mayores dosis de fertilizante mineral 800 y 1 000 $g.árbol^{-1}$ respectivamente se alcanzaron los mayores valores sin diferencias significativas entre ellos. Al respecto ha sido demostrado que la aplicación de cenizas en ecosistemas forestales incrementa el contenido de K y P en el suelo, el lavado del K puede ser rápido pero el P permanece por largos períodos; como consecuencia, el crecimiento de los árboles aumenta, tanto en suelos de turba como en suelos minerales de bajo pH (Nilssön & Jönsson, 1996), citado por (Herrero, 2001).

Los resultados anteriormente expuestos explican, en parte, la persistencia de la respuesta a la fertilización en este suelo: la concentración de P disponible en las parcelas es muy baja y el fósforo aplicado permanece en el ecosistema forestal después de 17 años de ser aplicado. La persistencia de respuestas mantenidas a la fertilización fosfórica en plantaciones forestales (Turner, 1982; Gentle *et al.* 1986) demuestran la permanencia del P en formas disponibles por largos períodos (más de 40 años); al respecto Thomas *et al.*, (1999) reportan que en plantaciones de *Pinus caribaea* y *Eucalyptus citriodora,* establecidas en oxisoles, el fósforo se mantiene disponible para las plantas a través de un intenso reciclado interno del P. La simbiosis de *P. caribaea* con *Pisolitus tinctorius* es otro factor que favorece una mayor disponibilidad de P en los suelos forestales de Pinar del Río, pues ese hongo ectomicorrizógeno favorece la absorción de P por las plantas (Cumming, 1993), citado por (Herrero, 2001).

La tabla 27 (anexo 1) muestra los resultados del análisis químico al suelo de 30 – 60 cm de profundidad según los diferentes tratamientos utilizados a los 42 años de haberse establecido la plantación, como se puede apreciar en la mayoría de los indicadores evaluados no existen diferencias significativas.

Los tratamientos de fertilización utilizados tuvieron una influencia significativa sobre los contenidos de P y Ca {tabla 27 (anexo 1)}. Los tratamientos T7 y T8 fueron los de mejores resultados cuando analizamos el P disponible sin diferencias significativas con el resto de los tratamientos, exceptuando el tratamiento T2 donde se aplicó una única dosis de 300 $g.árbol^{-1}$. En cuanto al calcio el tratamiento T1 fue donde se alcanzó el mayor valor con diferencias significativas con los tratamientos T2, T6 y T8.

Analizando desde este punto de vista los resultados del análisis de varianza se infiere que los tratamientos tuvieron un efecto significativo en el mejoramiento de las propiedades químicas del suelo en cuanto a las concentraciones de los elementos P y Ca. Cuando se compararon los resultados obtenidos en este estudio con los obtenidos por Awan & Frías (1970) (Anexo 3) se observa que la materia orgánica mostró ligeros incrementos en el tiempo, lo que estuvo dado por la cubierta forestal del área y el aporte de hojarasca de las especies latifolias al suelo por parte de las plantas y su posterior descomposición.

III.9.1. Contenido de Materia orgánica (MO).

Los valores de materia orgánica al inicio de la plantación fueron muy deficientes para estas condiciones, lo que indica que en las primeras etapas de desarrollo de las plantaciones se presentan deficiencias nutricionales agudas, si no se aplica alguna fuente nutricional.

Para un sitio degradado y ahora en proceso de recuperación, un incremento en los niveles de materia orgánica beneficia al suelo, principalmente en sus propiedades físicas, al incrementar la infiltración del agua, mejorar su estructura y reducir las pérdidas por erosión, además del aporte de nutrientes que realiza, beneficios estos que se traducen a la plantación *P. caribaea*.

Los resultados obtenidos en este trabajo en cuanto a los porciento de materia orgánica coinciden con los reportados por (Bruzón, 2013) quien reportó valores de materia orgánica entre 3,5 % y 9,2 % al analizar este indicador en plantaciones de *P. cubensis* a la edad de cuatro a seis años, a una profundidad de 20 cm, en un sitio otrora minado, catalogados como adecuados para estos tipos de suelo.

Los contenidos de MO, en los sitios forestales donde se reporta respuesta a la fertilización, aumentan generalmente por la deposición de biomasa muerta (hojas o acículas, corteza, ramas, conos y semillas), tanto de los árboles como del sotobosque durante largos períodos; al aumentar la biomasa por efecto de la fertilización, la acumulación de hojarasca se incrementa (Malkönen & Kukkola, 1991; Neilsen & Lynch, 1998). La fertilización provoca la formación de una capa de descomposición de la hojarasca encima de la superficie del suelo (McDonald, 1990). Cuando la fertilización nitrogenada cesa, la masa de esa capa se mantiene constante pero el contenido de N disminuye en la misma con el consiguiente aumento de ese elemento en el suelo (Neilsen & Lynch, 1998), al cesar la fertilización el suministro de N proviene del reciclado interno (dentro de los árboles), de la mineralización del mantillo y de la materia orgánica, y la duración de la respuesta dependerá de la capacidad de mineralización de N del suelo (Thomas & Mead, 1992), citado por (Herrero, 2001).

Geigel & Baños (1976), Geigel (1981 y 1989), Milián *et al.* (1992) y Bruzón *et al.* (2011) hacen referencia a la gran cantidad de hojarasca que se acumula en un suelo degradado por la minería a cielo abierto con la presencia de casuarina, sus finas hojas al caer pueden llegar a formar un espesor de hasta tres cm a los cinco años; siendo la hojarasca, cualquiera que sea su tasa de acumulación, de naturaleza crítica para el futuro de los bosques (Wadsworth, 2000, Del Valle, 2003).

III.9.2. P disponible (P - Bray II).

Es importante destacar lo sucedido con el fósforo en el análisis realizado a las muestras de suelo donde este elemento se encuentra en muy bajas concentraciones, confirmando lo planteado por Awan & Frías (1970), Awan *et al.* (1972) y Herrero (2001) quienes manifiestan que estos suelos presentan poca disponibilidad de fósforo (P).

El fósforo, las bases y la CCC se encuentran en concentraciones deficientes e ínfimas, lo que sugiere altas tasas de lixiviación y pérdidas de nutrientes esenciales para el desarrollo y crecimiento de las plantaciones, poniéndose en evidencia la marginalidad de estos suelos que por su uso tienen vocación forestal, coincidiendo con lo planteado por Binkley (2004) y Combatt *et al.* (2005) quienes indican que la mayoría de las plantaciones forestales se encuentran en suelos marginales. Estas condiciones de lixiviación, translocación y pérdida del contenido de bases, ocasiona la alta acumulación de aluminio, que puede disminuir la tasa de asimilación de nutrientes, por no existir retención de estos elementos.

La permanencia del fósforo en forma biodisponible por largos períodos explica también la respuesta a largo plazo: ese elemento se mantiene disponible para las plantas a través de un intenso reciclado interno (Thomas *et al.*, 1999) que se favorece por la presencia de *Pisolitus tinctorios* – hongo ectomicorrizógeno que establece simbiosis con *P. caribaea* y que propicia una mayor disponibilidad de P en los suelos forestales (Cumming, 1993) – que retorna al sitio con el establecimiento de la vegetación de pinar, citado por (Fuentes, 2004).

Chien *et al.* (1987) hacen referencia a una información comprensiva sobre la proporción de la disolución de fertilizantes fosforados a largo plazo, en los campos experimentales más antiguos de América en Illinois. Estos autores estimaron que la descomposición completa del fertilizante aplicado directamente al suelo puede tomar hasta 90 años, y que la misma contribuyó, aún después de 44 años de aplicada, a la reserva de P biodisponible en el suelo. Gentle *et al.* (1986) encontraron un efecto residual de RF que perduró hasta una segunda rotación de *P. radiata* en Nueva Zelanda y Pritchett & Comerford (1982) recomiendan la aplicación de 32 kg RF. ha^{-1} como dosis óptima para aumentar los rendimientos de *P. elliottii* en la llanura costera al sur de los Estados Unidos por mas de 40 años

III.9.3. Potasio cambiable (K).

En el caso particular del potasio (K), - elemento al que no se halla respuesta en los suelos objeto de estudio – su función está dada para establecer un balance entre los macroelementos y así mejorar su eficiencia, como la del uso del agua (Herrera *et al.*, 1984), aunque en estudios con micorrizas vesículo arbusculares, encontraron que la infección micorrízica está controlada por las concentraciones de N, P y K y que cuando uno de estos macroelementos se encuentra en porcentajes desbalanceados en la corteza radical, los niveles de infección pueden ser reducidos, este hecho pudiera explicar la necesidad de una nutrición balanceada también para un funcionamiento adecuado de las ectomicorrizas que son aún más sensibles a los cambios en la fertilidad del sustrato.

La respuesta a la fertilización expresada en los indicadores de crecimiento evaluados se explica por diversas causas como son: propiedades intrínsecas de los suelos, descritas por Awan & Frías (1970) y Awan *et al.* (1972), como son: baja capacidad de intercambio catiónico, poca disponibilidad de P, baja capacidad de retención de agua, la presencia de una capa de acumulación de arcillas en el horizonte B que causa un mal drenaje y desarrollo pobre del sistema radical y, por consiguiente, una accesibilidad limitada para explorar un mayor volumen de suelo.

Al respecto, Pritchet & Comerford (1982) encontraron una mejor respuesta de *Pinus taeda* a la fertilización en suelos con mal drenaje y Gupta (1995) concluye que una situación de ese tipo puede ser corregida mediante la adición de fertilizantes minerales.

Las propiedades negativas descritas fueron agudizadas por su uso anterior (agricultura) que determinó una gran erosión del suelo y la pérdida de sus características forestales. Marrero *et al.* (1998) compararon el crecimiento de *P. caribaea* en tres tipos de suelos y encontraron que los suelos forestales de la provincia Pinar del Río poseen las características y propiedades edafológicas más pobres, pues su baja fertilidad unida a la erosión potencial y actual, los sitúa como los menos productivos. Los resultados obtenidos por dichos autores confirman los planteamientos anteriores, de esa manera la respuesta a la fertilización, aplicada al momento de establecerse la plantación, es esperable.

La productividad está directamente relacionada con las condiciones del sitio y principalmente con la condición del suelo, por lo que cualquier acción que modifique sus propiedades físicas, químicas y biológicas la modificará (Gayoso, 1997).

Los resultados obtenidos manifiestan la importancia de mantener el sotobosque en las plantaciones de pinos por dos razones cruciales:

Se evita la disminución del pH de los suelos y de esa manera el lavado de las bases que ocurre cuando las mismas pasan a la solución del suelo por intercambio con los iones H^+ que saturan el complejo absorbente, al mismo tiempo una mayor concentración de los cationes intercambiables, especialmente el calcio, favorecen la formación de los ácidos húmicos y, por consiguiente, que el complejo coloidal arcilla-humus sea más estable y las sales menos proclives a la lixiviación además de mejorar sus propiedades (González – Abreu *et al.*, 1989).

Se mantiene cubierta la superficie del suelo forestal, con lo que la erosión por escorrentía superficial se minimiza.

III.9.4. Aluminio (Al).

El aluminio es uno de los elementos que en elevadas concentraciones afecta el crecimiento en altura de las especies forestales.

Según Alvarado & Raigosa (2012) cuando el aluminio se acumula en el suelo en cantidad elevada, puede afectar negativamente el crecimiento de las plantas poco tolerantes a su presencia. Las cantidades del elemento consideradas como tóxicas se estiman en más del 60 % de saturación de Al^{+3} en la solución del suelo o en forma relativa a la capacidad de intercambio catiónico efectiva. El exceso de Al en la solución del suelo interfiere en la división celular, reduciendo el crecimiento de las raíces.

Los suelos ácidos tienen una cantidad de cationes intercambiables baja (menor a 5 cmol (+) l-1), por lo que la disponibilidad de elementos como el Ca o el Mg no es suficiente para lograr el crecimiento óptimo de la mayoría de los cultivos. La presencia de alto contenido de Al en la solución del suelo inhibe la absorción de Ca y Mg por las raíces de las plantas.

En el caso de los suelos forestales de Viñales los contenidos de aluminio son extremadamente altos lo que contribuye a aumentar la acidez de los suelos. *P. tropicalis* y *P. caribaea* como coníferas crecen naturalmente en condiciones edáficas extremas, por lo que los altos contenidos de aluminio que son tóxicos para la mayoría de los cultivos agrícolas y algunos forestales no constituyen una limitante para su crecimiento y desarrollo (Awan & Frías, 1970; Renda *et al.*, 1980b).

CONCLUSIONES

- Los resultados que se presentan tienen repercusión para la práctica productiva pues constituyen una vía ecológicamente sostenible y económicamente viable para obtener producciones de madera mayores, en tiempo y espacio menores.
- La fertilización como actividad silvícola tuvo un impacto positivo y sostenido en el tiempo con una respuesta significativa, cuando se evaluaron la altura, el diámetro, el volumen de madera y la retención de carbono de la especie plantada y a la edad de 41 años de establecida la plantación continúa incrementándose. Las dosis más altas permitieron obtener los mayores valores.
- El reclutamiento de especies vegetales no se afectó por ningún tratamiento de fertilización.
- La flora asociada a la plantación de *P. caribaea* cuenta con 47 especies y 33 familias presentes en los diferentes estratos, de las 47 especies 35 son autóctonas, ocho endémicas y cuatro alóctonas, dentro de las que se destacan *Didymopanax morototoni (Aubl.) Casearea hirsuta* Sw. *Guarea guara Jasq.*, y *Chrysobalanus icaco* L., como las de mayor valor por el aporte de nutrientes que hacen al suelo.
- La fertilización como actividad silvícola influyó significativamente en el mejoramiento de algunas propiedades químicas de los suelos, aumentó los contenidos de materia orgánica, las concentraciones de fósforo disponible y calcio intercambiables a una profundidad de (30 - 60 cm), las que variaron en dependencia de las dosis, y de ellas las máximas, aumentaron en mayor medida las concentraciones de P en el suelo.

RECOMENDACIONES

- Aplicar 1 000 g. árbol^{-1} de fertilizante mineral (NPK) de forma continua, fraccionada en dosis de (200, 200, 400 y 200 g. árbol^{-1} en los primeros cuatro años) para el establecimiento de plantaciones de *P. caribaea* en los suelos Alítico de Baja Actividad Arcillosa Rojo y Rojo Amarillento en Pinar del Río.
- Continuar estudios en plantaciones de *P. caribaea*, en suelos con características similares a los de esta investigación, donde se convine la aplicación de las dosis de 600 g. árbol^{-1}, 800 g. árbol^{-1} o 1 000 g. árbol^{-1} de fertilizante mineral (NPK) más un fertilizante orgánico y se apliquen los raleos correspondientes.
- Al Ministerio de Educación Superior incluir los resultados de esta tesis y el tema de fertilización forestal en los programas de Silvicultura para ingenieros y técnicos medios forestales e incorporarlos en la docencia agropecuaria de nivel medio y superior.
- A la Dirección Forestal Nacional, MINAG, aplicar estos resultados en la esfera productiva en aras de obtener mayores producciones de madera.

REFERENCIAS BIBLIOGRÁFICAS

1. Acevedo - Rodríguez. P & Strong. M. T: Catalogue of Seed Plants of the West Indies. Smithsonian contributions to botany. Washington D.C. 1221 Pp. 2012.
2. Adams, D.M.; Alig, R.J.; McCarl, B.A.; Callaway, J.M., & Winnett, S. M.: Minimum cost strategies for sequestering carbon in forests. *Land Economics*. 75(3): 360-374. 1999.
3. Adams, R. M., D. M. Adams, J. M. Callaway, C. C. Chang & B. A. McCarl.: Sequestering Carbon on Agricultural Land: Social Cost and Impacts on Timber Markets. *Contemporary Policy Issues*. 11: 76-87. 1993.
4. Aguirre, Z., Gaona, T., Placios, B.: Dinámica de crecimiento de especies forestales establecidas en el Jardín Botánico El Padmi Zamora, Chinchipe, Ecuador. CEDAMAZ Vol 4, No 1, pp 62-75 (2014).
5. Akiyama, T. A forest again. Tokyo: Food and Agriculture Policy. Research Center, SGII N° 3, 156 pp. 1992.
6. Alain, H. Flora de Cuba, III.: *Contrib. Ocas. Mus. Hist. Nat. Colegio de la Salle* 10, Imprenta P. Fernández, Habana, 502 pp. 1953.
7. Alain, H.: *Flora de Cuba*. Suplemento. Instituto Cubano del Libro, Habana, 150 pp. 1974.
8. Alain, H.: La flora de Cuba: Sus principales características, su origen probable. *Rev. Soc. Cubana Bot.* 15(2-3): 36-59. 1958.
9. Alain, H. & León H.: *Flora de Cuba*. Vol. 5. Asociación de Estudiantes de Ciencias Biológicas, Publicaciones, La Habana, 364 pp. 1964.

10. Alcolado P. M.: Conceptos e índices relacionados con la diversidad. Revista de Ecología. Oceanología y Biodiversidad Tropical. AVICENNIA. No. 8 –9, 7. 1998.

11. Aldana E.: *Medición Forestal.* Ed Félix Varela, La Habana. 266 pp. 2010.

12. Allen, H.L.: Forest fertilizers. J. For: 37-46. 1987.

13. Alvarado, A., Campos, J.J. & Herrera, B.: Evolución del manejo y clasificación de tierras para uso forestal en América Central. In: Memorias III Semana Científica del CATIE (3-5 febrero, 1997, Turrialba, Costa Rica). CATIE, Turrialba, Costa Rica. Pp. 1-7. 1997.

14. Alvarado, A. & Herrera B.: Clasificación de tierras para uso forestal y la estimación de su capacidad productiva. Academia Nacional de Ciencias/ Programa Centroamericano de Población. San José, Costa Rica. Pp. 9-27 1998.

15. Alvarado A. & J Raigosa.: *Nutrición y Fertilización forestal en regiones tropicales.* Ed San José, C. R.: Asociación Costarricense de la Ciencia del Suelo. 419 pp. 2012.

16. Alvarado, A; J Raigosa; & Oviedo: Nutrición y fertilización de coníferas *Pinus spp., Cupressus spp.* En *Nutrición y Fertilización forestal en regiones tropicales*, Costa Rica, San José, C. R.: Asociación Costarricense de la Ciencia del suelo pp. 225-258. 2012.

17. Álvarez, A. *et al.*: Informe final del Proyecto 11.25. Inédito. IIF. (2006).

18. Álvarez M.J., Rodríguez J & Suárez D.: Mejoramiento de la productividad de plantaciones de *Pinus radiata* D. Don, a través de un método racional de fertilización. 1999.

19. Ancizar, A., Espín, G. & Renda, A.: Estudio de los suelos sabanosos sobre serpentinita del norte de Camagüey. 60pp La Habana. Centro de Investigaciones Forestales, 1975.

20. Ancizar, A., Renda, A. & Espín, G.: Estudio de los suelos de la Unidad Docente Cajálbana. 33 pp La Habana, Centro de Investigaciones Forestales, 1974.

21. Andreu, J. & M. Vilá.: Análisis de la gestión de las plantas exóticas en los espacios naturales españoles. *Ecosistemas* 16 (3). 2007.

22. Aparicio J. & López J.: Potencial de *Eucalyptus grandis* en los suelos del sudeste de la provincia de Corrientes y algunos factores edáficos relacionados con la producción de madera. *Bosque* 16(2): 81-89. 1995.

23. Awan, A. B. & Frías, G.: Los suelos de la Estación Experimental Forestal de Viñales, Pinar del Río. *Baracoa*. 2(1): 19 - 30. 1970.

24. Awan, A. B., Horsten, F., Frías, G. & Navia, R.: Condiciones del suelo que afectan el crecimiento y desarrollo del pino en Cuba. En Memorias especiales de Cuba al VII Congreso Forestal Mundial. La Habana, Ed. Organismos. 27 pp. 1972.

25. Barbero, M.; Bonin. G. Lisel. R.; Quézel, R.: Changes and disturbances of forest ecosystems caused by human activities in the western part of the mediterranean basin. *Vegetaría,* 87, 151-173. 1990.

26. Barth, R.C.: Avaliacao da recuperacao de áreas mineradas no Brasil. *SIF Boletín Técnico*. 1:1-41. 1989.

27. BBC MUNDO: Las plantaciones forestales y el medio ambiente. www.bbc.co.uk/spanish/especiales/clima/ghouse. 2003.

28. Begon, M., Harper J. L. & Towsend C. R.: Ecology: Individuals, populations and communities. Blackwell Science 3a. Ed. Cambridge, Massachusetts. http://www.ine.gob.mx/dgoece/con-eco/index.html. 1996. citado por González. 2006.

29. Binkley, Dan.: Nutrición Forestal. Ed. Noriega Uteha. México 340 pp. *Memorias Primer Congreso de Suelos Forestales* (pág. 18p.). Heredia. Costa Rica: INISEFOR. 2004.

30. Birdsey, R.: Carbon storage and accumulation in United States forest ecosystems. 59 pp, Washington, DC. Ed Forest Service, 1992.

31. Bisse, J.: Árboles de Cuba. Ciudad de la Habana, Editorial Científico- Técnico. 369 p. 1988.

32. Bonneau, M.: La fertilisation en sylviculture. *Revue forestière Française. XXI::429 – 439.* 1969.

33. Bonomeli C, FD Suarez D.: Fertilización del eucalipto. 2 Acumulación de fósforo nitrógeno y potasio. *Ciencia e Investigación Agraria* 26:11-19. 1999.

34. Bradshaw, A. D.: The biology of land restoration. *Applied Population Biology* (ed. S. K. Jain & L. W. Botsford), Kluwer Academic, Dordrecht, 25-44. 1992.

35. Brown, S. & Lugo, A.: Rehabilitation of tropical lands: A Key to Sustaining Development. *Restoration Ecology.* 2(2): 97-111. 1995.

36. Bruce, James P. Lee, Hoesung & Haites, Erik F.: Climate change. 1995. Economic and social dimensions of climate change. Contribution of Working Group III to the Second Assessment. *Report of the Intergovernmental Panel on Climate Change*. New York: Cambridge University Press. 1996.

37. Bruzón, N. Herrero, G., Salazar, S. & Guirola, O.: La rehabilitación de ecosistemas afectados por la minería en la región nororiental de Cuba. *Baracoa*, Vol. 30 (Esp.). ISSN 0138-6441. 2011.

38. Bruzón, N.: Rehabilitación de áreas degradadas por la minería a cielo abierto en la región Nicaro - Mayarí, Cuba. Tesis presentada en opción al grado científico de Doctor en Ciencias Forestales. Pinar del Río, 136 p. 2013.

39. Calidad del Suelo.: Análisis Químico: Determinación del porciento de materia orgánica. Norma Cubana. NC 51, 1999. 1ra Edición. 1999.

40. Calidad del Suelo.: Determinación de pH. NC-ISO 10390. 1ra Edición. 1999.

41. Calidad del Suelo.: Extracción de elementos traza con solución de DTPA tampón. Norma Cubana. NC ISO 14870. 1ra Edición. 2003.

42. Calzadilla, E., González, O., González, R. & otros.: Estudio edafológico, fisiográfico y agrisilvicultural del Escambray, provincia Sancti Spíritus. La Habana, Centro de Investigación Forestal, 17 p. 1983.

43. Cañellas I, L Finat, A Bachiller, G Montero.: Comportamiento de plantas de P*inus pinea* en vivero y campo: Ensayos de técnicas de cultivo de planta, fertilización y aplicación de herbicidas. Investigación agraria. *Producción y Protección Vegetal* 8(2):335-359. 1999.

44. Casanova, E.F.: Agronomic evaluation of fertilizers with special reference to natural and modified phosphate rock. Results from the Latin American Phosphate Rock Network. *Fertilizer Research.* 41:211-218 1995.

45. Castro, F.: Mensaje del Presidente de los Consejos de Estado y de Ministros de la República de Cuba a la Conferencia de las Naciones Unidas sobre Medio Ambiente y Desarrollo. 53 p. 1992.

46. Chien, S.H., Hammond, L. L. and Leon, L. A.: Long-term reactions of phosphate rocks with an oxisol in Colombia. Soil Science 144(4): 257 - 265. 1987.

47. CIF, Centro de Investigaciones Forestales.: Características de los suelos sabanosos sobre rocas ultrabásicas que afectan el establecimiento y desarrollo de *P. caribaea* y otras especies en Cuba. La Habana, CIF, 36 p. 1975.

48. CITMA: Estrategia ambiental y Determinación de ecosistemas en paisajes de primer orden del Parque Nacional Viñales. Centro de Investigaciones y Servicios Ambientales. ECOVIDA. CITMA. Pinar del Río. 42 p. 2005.

49. Combatt, E. Jarma. A. & Polo J.: Características químicas de los suelos agroforestales del caribe húmedo Colombiano. Trabajo finalizado por la Facultad de Ciencias Agrícolas – Universidad de Córdoba Colombia. 2005.

50. CONAFOR.: Suelos Forestales. http://www.conafor.gob.mx/portal/index.php/temas-forestales/suelos. 2014. Consultado martes 6 de mayo 2014.

51. Convención Marco De Las Naciones Unidas Para El Cambio Climático. *Protocolo de Kioto*. UNEP/IUC. Geneva. 1997.

52. Costas Patricio R., Mac Donagh Elizabeth Weber, Santiago Figueredo, Pedro Irschick.: Influencias de la densidad y podas sobre la producción de *Pinus taeda* a los 7 años de edad. Ciencia Forestal, Santa María v 15 no 3. 275-284 p. 2005.

53. Cumming, J.R.: Growth and nutrition of non mycorrhizal and mycorrhizal pitch pine (*Pinus rigida*) seedlings under phosphorous limitations. Tree Physiology. 13: 173-187. 1993.

54. Dalprá. L. A.: Respuesta en crecimiento de *Pinus taeda* L. a la fertilización inicial en suelos arenosos del centro - oeste de Corrientes, Argentina. Tesis presentada a la Universidad Nacional de Misiones como exigencia parcial de la Maestría en Ciencias Forestales – orientación Silvicultura y Manejo. Facultad de Ciencias Forestales. Eldorado, Misiones, Argentina. 2007.

55. Del Valle, J.: Descomposición de la hojarasca fina en bosques pantanosos del pacífico colombiano. *Revista Interciencia.* 28(3) 115-153. 2003.

56. De Urzedo DI, M Pires, L Machado, J Braga.: Effects of organic and inorganic fertilizers on greenhouse gas (GHG) emissions in tropical forestry. *Forest Ecology and Management* 310: 37-44.DOI:10.1016/j.foreco.2013.08.018. 2013.

57. Díaz, G.: Método para la rehabilitación de la faja forestal hidrorreguladora: Subcuenca Santoyo (Cuenca Almendares-Vento). Grisel Herrero Echevarría (Tutor) Tesis en opción al Título Académico de Máster en Gestión Ambiental. La Habana, Cuba. 2013.

58. Dixon, 1994; Schlesinger.: El cambio climático y los bosques Disponible en: http://www.ecosur.net/cambio_climático_y_los_bosques.html (consultado 08/04/07). 1997.

59. Ewald Maki T.: Necesidad de fertilizantes en la producción maderera. 2008.

60. FAO.: Guía de fertilizantes y nutrición vegetal. Boletín FAO N^0 9: Fertilizantes y Nutrición vegetal, 198 p. 1986.

61. FAO.: La nutrición y los programas forestales nacionales. Dirección de Alimentación y Nutrición, Servicio de Programas de Nutrición. Roma, FAO, 38 p. 1996.

62. FAO.: Situación de los bosques del mundo. FAO, Roma. Disponible en: http://ri.conicyt.cl/575/fo-article-11166.pdf (consultado 02/06/08 8.35 AM). 2001.

63. FAO.: Situación de los Bosques del Mundo. FAO. Roma. ISSN 1020 – 5721. 2003.

64. Feinsinger P.: *El diseño de estudios de campo para la conservación de la biodiversidad*. Editorial FAN, Santa Cruz de la Sierra, Bolivia. 242pp. 2003.

65. Fernández, R.; Rodríguez Aspillaga, F.; Lupi, A.; López, E. & Pezzutti, R.: Respuesta del *Pinus taeda* y la *Araucaria angustifolia* a la adición de N, P y K en la Implantación, Jornadas Forestales Silvoargentina, Virasoro, Corrientes. 2000.

66. Fernández R., Rodríguez F., Lupi A. M., Hernández A., & Reis H.: Efectos de diferentes prácticas de preparación del terreno y fertilización sobre el

crecimiento inicial del *Pinus spp* en el NE Argentino. Bosque 20 (1): 47-55. 1999.

67. Florentino, A. & López, M.: Propiedades físicas de los suelos después de cinco años con sistemas de manejo basados en principios agroecológicos. En "Informe final del Proyecto FONACIT-S1-2002000391-Evaluación de prácticas de manejo conservacionista en suelos ácidos del Municipio Espino-Guárico en un sistema de producción cereal-leguminosa". Coordinadora: M. López-INIA-CENIAP. pp. 103-120. 2009.

68. Ford, E.D.: The dynamics of plantation growth. En: Nutrition of Plantation Forests, editado por G.D. Bowen y E.K.S. Nambiar. New York. Academic Press, p 17 – 52. 1984.

69. Frioni, L.: Procesos microbianos. Australia: Fundación Universitaria Nacional de Río Cuarto, p. 28. ISBN 950-665-110. 1999.

70. Fuentes. I.M., Herero. G., Pedro Herrera. P. & González. M.: Manejo sostenible de plantaciones de *Pinus caribaea* ssp *caribaea* y su impacto sobre la diversidad vegetal. Tesis de diploma en opción al título de licenciada en biología. 2004.

71. Funes, R.: De los bosques a los cañaverales una historia ambiental de Cuba 1492- 1926, Editorial Ciencias Sociales, La Habana, Cuba. 2008.

72. García A., Hernández G., Nuviola A., Mendez N., Herrero G. & Drevon J.J.: Evaluation the response of selected common vean genotypes to the aplication of phosphate rok products in acid solis of Cuba. en USE OF ACID – TOLERANT AND P- EFFICIENT PLANT GENOTIPES *Management practices*

for improving sustainable crop production in tropical acid soil. Results of a Coordinater Research Project organized by the Joint FAO/IAEA Programs of Nuclear Technical in Food and Agriculture. Vienna, STI/PUB/1285. Proceedings Series. p. 147 – 160. 2006.

73. Garibaldi, C.: Efectos de la extracción y uso tradicional de la tierra sobre la estructura y dinámica de bosques fragmentados en la Península de Azuero, Panamá. Tesis presentada en opción al grado de Doctor en Ciencias Forestales. Programa de Doctorado Internacional en Ciencias Forestales. Pinar del Río, Cuba: Centro de Estudios Forestales, Universidad de Pinar del Río. 2008.

74. Gayoso, J.: Producción forestal y conservación de suelos. VII Silvotecna, 14 p. 1997.

75. Geigel, F & Baños, N.: Restauración de la vegetación en terrenos explotados y degradados por la minería. La Habana: Instituto de Investigaciones Forestales, p. 16. 1976.

76. Geigel, F.: Recultivación de áreas degradadas por la actividad minera a cielo abierto. Algunos logros cuya vivencia o actualidad permiten su introducción en la esfera productiva. La Habana: CIDA, p. 33. 1981.

77. Geigel, F.: Restauración de la vegetación en terrenos explotados y abandonados por la minería. La Habana*: Agrotecnia de Cuba*. 1: 155-162. 1989.

78. Gentle, S.W., Humphreys, F.R. & Lambert, M.: Continuing respond of *Pinus radiata* to phosphate fertilizers over two rotations. Forest Sci. 1: 822 - 829. 1986.

79. Gentry, A.: Changes in plant community diversity and floristic composition on environmental and geographical gradients. Ann. Missouri Bot. Gard.75:1-34 1988.

80. Gentry, A.: Neotropical floristic diversity: phytogeographical connections between Central and South America, Pleistocene climatic fluctuations, or an accident of the Andean orogeny? Ann. Missouri Bot. Gard. 6937-593. 1982.

81. Gerding, V. & Schlatter, J.: Fertilización para el establecimiento de *Pinus radiata* D. Don en Valdivia. Evaluación al quinto año. Valdivia, Chile: Universidad Austral de Chile. 1988.

82. Goldstein, H.: *Multilevel statistical models (3ra ed.)*. New York: Halstead Press. 2003.

83. Goldstein, H.: Multilevel statistical models (4th ed.). Wiley Series in Probability and Statistics.New York. 381p. 2010.

84. González- Abreu, A; Ancízar, A; Calzadilla E.; Gra. H; Valle; Renda A & Figueroa C.: Valoración de la influencia de algunos factores edáficos en el desarrollo de *Pinus caribaea* var. *caribaea* en la región de Macurijes. Provincia de Pinar del Río. I Congreso Forestal de Cuba y Simposio Internacional sobre Técnicas Agroforestales. Memorias. Noviembre 1989. La Habana Cuba. 1989.

85. González. M.: Influencia de la densidad de plantación en la economía y la ecología de *Pinus caribaea* var. *caribaea* en las Alturas de Pizarra de Pinar del

Río Cuba. Tesis presentada en opción del título Académico de doctor en Ciencias Forestales. Ministerio de Educación Superior, Pinar del Rió, La Habana, 179 p. 2006.

86. Grubb, P.J.: Mineral nutrition and soil fertility in tropical rain forest. In: A.E. Lugo y C. Lowe (eds.) Tropical forest: management and ecology. Springer - Verlag, Ecological Studies v. 112. New York, USA. Pp. 308-330. 1995.

87. Gupta, G.N.: Biomass and nutrient uptake of *Ailanthus exelsa* as affected by N and P fertilization on an aridisol. Fertilizer Research 40: 243 - 250. 1995.

88. Hallsworth, E.G.: (ed.): So cio-economic effects and constraints in tropical forest management. IFIAS, Science Policy Research Unit. Sussex, Inglaterra. 233 p. 1982.

89. Hartemink, A.E.: Soil fertility decline in the tropics with case studies on plantations. CABI Publishing, England. 360 p. 2003.

90. Hartwing, F. C.: La tierra que recuperamos: Editorial los Andes. Serie Medio ambiente y Desarrollo - Santiago de Chile. Pág. 17 – 21. 1994.

91. Healey S.P. & Gara R. I.: The effect of teak (*Tectona grandis*) plantation on the establishment of native species in an abandons pasture in Costa Rica. Frest Ecology and Management 176: 497 – 507. 2003.

92. Herbert, M.A.: Fertilizing at planting. Inst. For. Comm. For. Res., ICFR Doc. 10/85. 1985.

93. Hernández, A., Pérez, J. M., Bosch, D. y Castro, N.: Clasificación de los suelos de Cuba, Ciudad de la Habana, ISBN: 978-959-7023-77-7. 2015.

94. Hernández, Gómez, Molina, León & Caballero.: Efficiency in forest management: A multiobjective harvest scheduling model Journal of Forest Economics 20 (2014) 236–251. 2014.

95. Hernández Sandoval, L. G.: Diversidad florística y endemismo en la Reserva de la Biósfera El Cielo, Tamaulipas, México. Universidad Autónoma de Tamaulipas. Instituto de Ecología Aplicada. Informe final SNIB-CONABIO proyecto No. P023. México D. F. 1998.

96. Herrera, B. & Alvarado, A.: Calidad de sitio y factores ambientales en bosques de Centro América. Agronomía Costarricense 22(1): 99-117. 1998.

97. Herrera, P.: Sistema de clasificación artificial de las Magnoliatas sinántropas de Cuba. Tesis en opción al grado científico de Dr. en Ciencias Ecológicas. Universidad de Pinar del Río, "Hermanos Saíz Montes de Oca" y Universidad de Alicante, España. 2007.

98. Herrero, G, Blanco, J., García, A., Geigel, F. B., & Romero, F.: Efecto de niveles y portadores fosfóricos en el desarrollo de *Pinus caribaea* var. *caribaea*. I. Suelo ferralítico cuarcítico. Agrotecnia de Cuba 20 (1): 7 - 16. 1988.

99. Herrero, G., Blanco, J.J., Romeu, P. y otros.: Medición y evaluación de plantaciones de *P. caribaea* y *P. tropicalis* fertilizadas con diferentes dosis y portadores de nutrientes. Ciudad Habana, Instituto de Investigaciones Forestales, 30 p. 1989.

100. Herrero, G., Geigel, F.B., Herrera, P., Bruzón, N., Noda, N. & Peña, N.: Revegetation and rehabilitation of open mined lands in Cuba. Proceedings of

the IV International Conference on Serpentine Ecology. Havana, National Botanical Garden. 2003.

101. Herrero, G., González, M., Fuentes, I., Herrera, P., García, A., & Coto, O.: Fertilización a *Pinus caribaea* en su habitat natural y diversidad vegetal asociada. *Memoria Primer Congreso de Suelos Forestales* (pág. 18p.). Heredia. Costa Rica: INISEFOR. 2004.

102. Herrero, G.: Nutrición de plantaciones de *Pinus caribaea* var. *caribaea*: Respuesta a la fertilización y método de diagnóstico. Tesis en opción del grado Científico de Doctor en Ciencias Agrícolas. Ciudad de la Habana, CITMA/MINAG/MES, 126p. 2001.

103. Herrero, J.A.: Función hidrológica y antierosiva de los bosques de las zonas montañosas y premontañosas de Cuba. Tesis en opción al grado científico de Dr. en Ciencias Agrícolas. La Habana, INCA. 100 p. 1993.

104. Houghton.: El cambio climático y los bosques. Disponible en: http://www.cambio-climatico.com/el-cambio-climatico-y-los-bosques-en-el-dia-mundial-forestal(consultado 08/04/07). 1996.

105. Huettl, R.F.: Fertilization as a tool to remove "new type" forest damages. Revista de la Potasa. Subject 11, 2: 2. 1991.

106. Hunter, I.R. & Hunter, J. A. C.: Apparent phosphorus uptake and change in nitrogen content of Pinus radiate growing on soils of different phosphorus retention treated with superphosphate and A-grade rock phosphate. New Zealand Journal of Forestry Science. 21(1):50-61. 1991.

107. Hunter, I.R. & Smith, W.: Principles of forest fertilization ilustrated by New Zealand experience. Fertilizer Research. 43: 21 – 29. 1996.

108. Ibáñez C., Núñez P., Pezzutti R. & Rodríguez F.: Efectos de la roturación del suelo y fertilización con fósforo en el crecimiento inicial de plantaciones de *Pinus taeda*, en suelos rojos del Noreste de la provincia de Corrientes, Argentina. Revista Bosque 25 (2): 69-76. 2004.

109. Industria Forestal Doña María Ltda.: Resultados de investigación: ensayos de fertilización con fósforo y boro en *Pinus patula*. Medellín, Colombia. 11 p. 1985.

110. Instituto Nacional de Ecología (INE).: Ley General de Vida Silvestre. México: SEMARNAP, p. 31. 2003.

111. Intergovernmental Panel on Climate Change (IPCC).: *IPCC Special Report: Land Use, Land-Use Change, and Forestry*. Cambridge: Cambridge University Press. 2000.

112. Intergovernmental Panel on Climate Change (IPCC).: Scientific-technical analysis of impacts, adaptations, and mitigation of climate change. Report of Working Group II. Climate Change (1995): IPCC Second Assessment Report. Cambridge: Cambridge University Press. 1996.

113. IPCC.: El cambio climático y los bosques. Disponible en: http://www.ecosur.net/cambio_climatico_y_los_bosques.html (consultado 08/04/07). 2000.

114. Jiménez, M. & Herrero, G.: Valoración preliminar de la influencia de los fertilizantes minerales en el desarrollo y crecimiento de una plantación de *Pinus caribaea* var. *caribaea. Baracoa*, 14(2): 7-24. 1984.

115. Jokela, E. J. & Stearns-Smith, S. C.: Fertilization of established southern pine stands: effects of single and split nitrogen treatments, Southern Journal of Applied Forestry, Vol. 17, No. 3. 1993.

116. Kane, M.B., Wright, J.A. y Lambeth, C.C.: La fertilización aumenta el crecimiento de *Eucalyptus grandis en la Meseta de Popayán: resultados a tres años. Cartón de Colombia. Cali 24 p. Informe de* Investigación, No.144. 1992.

117. Lamb, F.A.: Algunos aspectos sobre la silvicultura y el mejoramiento genético forestal en Cuba. Informe Técnico. La Habana, FAO, 51 p. 1968.

118. Langford N.: Random coefficient models. New York, USA. Oxford University Press. 477 p. 1993.

119. Lanly, J. P.: Las modificaciones de las cubiertas forestales y el cambio del clima. Recursos forestales mundiales: situación y perspectivas. Undécimo Congreso Forestal Mundial. Unasylva. 48 (190/191), p. 9-18. 1997.

120. León, H.: Flora de Cuba, I. Contrib. Ocas. Mus. Hist. Nat. Colegio de la Salle 8, 442 pp. 1946.

121. León, H., & Alain, H.: Flora de Cuba, II. *Contrib. Ocas. Mus. Hist. Nat. Colegio de la Salle* 9, Imprenta P. Fernández, Habana, 466 pp. 1951.

122. León, H., & Alain, H.: Flora de Cuba, III. *Contrib. Ocas. Mus. Hist. Nat. Colegio de la Salle* 10, Imprenta P. Fernández, Habana, 502 pp. 1953.

123. León, H., & Alain, H.: Flora de Cuba, IV. Contrib. *Ocas. Mus. Hist. Nat. Colegio de la Salle* 16, Imprenta P. Fernández, Habana, 556 pp. 1957.

124. Loaiza, V. H.: El efecto del uso d e herbicidas y fertilizantes en el crecimiento inicial de Pinus *caribaea Mo relet var hondurensis (Sénéclauze) Barrett at Golfari y Eucalyptus saligna Smith en* plantación. Tesis de Mestría. Instituto Interamericano de Cien cias Agrícolas, Turrialba, Costa Rica. 132 p. 1967.

125. Lumu, Nyombi, S., Swaga, A. Bukenya M., Balimunsi H., Tumwebaze S.B.: Effect of native soil fertility and mineral fertilizer on growth of pine seedlings in Uganda. Ann. For. Res. 56(2): 283-296, 2013.

126. Lupi, A. M., Pathauer. P., Robbiani. S., Ferrere. P., López. G., Garau. A. M. & Guarnaschelli. A. B.: Fertilización inicial en plantaciones de *Pinus radiata* D. Don. en el sudeste de la provincia de Buenos Aires. In Memoria Décimas Jornadas Técnicas Forestales y Ambientales - Facultad de Ciencias Forestales -UNaM- EEA Montecarlo –INTA-Eldorado, Misiones, Argentina. 2012.

127. Lupi, A., Fernández, R. Reis, H. Bernio, J. Elizaul, J. & Reboratti H.: Evaluación inicial de técnicas de establecimiento post-tala rasa sobre el crecimiento inicial de *Eucalyptus grandis* hill. ex maiden en el Noreste Argentino. Documento resumen en: Actas de Congreso Mundial IUFRO 2000. Malasia. 2000.

128. Mack R. N., D. Simberloff, W. M. Lonsdale, H. Evans, M. Clout, & F. Bazzaz.: Invasiones Biológicas: Causas, Epidemiología, Consecuencias globales y

Control. Editado por Sociedad Norteamericana de Ecología. *Tópicos en Ecología* No.5, 22 pp. 2000.

129. Magnani. F., Mencuccini. M., Borghetti. M., Berbigier. P., Berninger. F., Delzon. S., Grelle. A., Hari. P., Jarvis. P. G, Kolari. P., Kowalski. A. S., Lankreijer. H, Law. B. E, Lindroth. A, Loustau. D, Manca. G, Moncrieff. J. B., Rayment. M., Tedeschi. V., Valentini. R. & Grace. J.: *"The human footprint in the carbon cycle of temperate and boreal forests"* Nature, Volume 447, N° 7146. 2007.

130. Makundi, *et al.*: Los bosques tropicales en el Protocolo de Kyoto. Actualidad Forestal Tropical. 6(4): 5-26 p. abril. 1998.

131. Malkönen, E. & Kukkola, M.: Effect of long-term fertilization on the biomass production and nutrient status of Scots pine stands. Fertilizer Research 27: 113-127. 1991.

132. Marrero, A., Renda, A. & Calzadilla, E.: Comportamiento de *Pinus caribaea* Morelet en diferentes suelos de Cuba. Cuba Forestal 1(0): 39 – 40. 1998.

133. Martínez de Arano. I.: Estado nutritivo y recomendaciones de fertilización para *Pino radiata*. Artículo Euskadi Basogintza – Euskadi Forestal nº 61. 2013.

134. McDonald, R.C, Isbell, R.F., Speight, J.G., Walker J. & Hopkings, M. S.: Australian soil and land survey field handbook. Inkata Press, Melbourne, 160 p. 1990.

135. Mercadet, A. & Álvarez, A.: Metodología para establecer la línea base de retención de carbono en las Empresas Forestales Integrales de Cuba. EN: Efecto de los cambios globales sobre el ciclo del carbono. Publicado por: RED

CYTED 406RT0285 "Efecto cambios globales sobre los humedales de Iberoamérica". ISBN: 978-987-96413-7-8. P 107-118. 2009.

136. Mery, G.: Plantaciones forestales y el secuestro de Dióxido de Carbono (CO_2) en Chile. El manejo sustentable de los recursos forestales. Desafío del siglo XXI. Acta del Primer Congreso Latinoamericano. IUFRO. 1998.

137. Milián, C., Bruzón, N., Herrero, G & Sánchez, A.: Prueba de especies forestales en zonas degradadas por la minería a cielo abierto. *Baracoa.* 22(1) 83-89. 1992.

138. Miller, H.G.: Forest fertilization: some guiding concepts. *Forestry* 54(2):157-167.1981.

139. Mogas, J. & Riera, P.: El valor de la fijación de carbono en los programas de forestación. Boletín económico de ICE N° 2834 del 7 al 13 de febrero. 2005.

140. Mogas. J. & Riera, P.: El valor de la fijación de carbono en los programas de forestación. II Simposio Iberoamericano de Gestión y Economía Forestal. Barcelona. 2004.

141. Moreno C., Elvia; Guerrero P., A.; Gutiérrez C., María del Carmen; Ortiz S., C. A. & Palma L., D. J.: Los manglares de Tabasco, una reserva natural de carbono. Madera y Bosques. Vol. 8. Número especial (1): 115-128. 2002.

142. Moura, P.: La Convención sobre el clima y el mercado de las contrapartes de las emisiones de carbono basadas en las actividades forestales. Unasylva 52 (206): 34-40, marzo. 2001.

143. Muller da Silva, P. H., Poggiani, F., Libardi, P. L., & Natal Gonçalves, A.: Fertilizer management of eucalypt plantations on sandy soil in Brazil: Initial growth and nutrient cycling. *Forest Ecology and Management* , 67-78. 2013.

144. Nambiar, E.K.S.: Plantation forests their scope and a perspective on plantation nutrition. En Nutrition of Plantation Forests, editado por G. D. Bowen y E.K.S. Nambiar. New York, Academic Press, p 1-16. 1984.

145. Neilsen W.A. & Lynch T.: Implications of pre- and post-fertilizing changes in growth and nitrogen pools following multiple applications of nitrogen fertilizer to a *Pinus radiata* stand over 12 years. Plant and Soil 202: 295 - 307. 1998.

146. Nilssön, C. & Johnsön, O.: Recycling of wood ash in Sweden. En Proceedings of the 9th European Bioenergy Conference. Oxford. Pergamon-Elsevier Science, p. 781-786. 1996.

147. Nwoboshi, L. C.: Macronutrient deficiency symptoms in teak (*Tectona grandis* L.f.). Department of Forest Research Management, University of Ibadan. 12 p. Bulletin, No. 6. 1975.

148. Pardos, J.: Ante un cambio climático: Papel de los montes arbolados y los productos forestales en la retención del carbono. Investigación Agraria; Sistema de Recursos Forestales Fuera de Serie 1:93-99. 1999.

149. Phillips, R., Fisher, J. & Mexal, J. G.: Fuelwood production utilizing *Pinus eldarica* and sewage sludge fertilizer. Forest Ecology and Management. 16:95-102. 1986.

150. Plasencia, T.: Balance de agua y nutrientes de los pinares de las Alturas de Pizarra de Pinar del Río. Tesis en opción del grado científico de Doctor en

Ciencias de la Ecología. Programa de Desarrollo Sostenible de Bosques Tropicales "Manejo Forestal y Turístico". Alicante. España, Universidad de Pinar del Río Hermanos Saiz Montes de Oca. (Inédita). 2005.

151. Pritchett, W.L. & Comerford, N.B.: Long-term response to phosphorus fertilization in selected southeastern Coastel Plain soils. Soil Sci. Soc. Am. J. 46:640-644. 1982.

152. Pussinen, A., Karjalainen T., Mäkipää R., Valsta L. & Kellomäki S.: Forest carbon sequestration and harvests in Scots pine stand under different climate and nitrogen deposition scenarios. Forest Ecology and Management 158: 103-115. 2002.

153. Quinteros, M.: Importancia de la nutrición forestal [en línea]. Suplemento Rural. Paraguay. Disponible en: http://archivo.abc.com.py/suplementos/ rural/articulos.php?pid=527283 *archivo.abc.com.py/suplementos/rural/articulos.php?pid =527283.* 2011. (Consulta: 12 de marzo del año 2012).

154. Raev, I. *et al.*: Acumulación de CO_2 en la parte aérea de la biomasa de los bosques de Turquía y Bulgaria, en las últimas décadas. Actas del XI Congreso Forestal Mundial, 13 – 22 Octubre. 1996.

155. Ramírez, L.: *Indicadores ambientales, situación actual y perspectivas*. Serie Técnica, Dirección General de Conservación de la Naturaleza, Ministerio de Medio Ambiente, Madrid. 306 p. 2002.

156. Raudenbush S, A Bryk.: Hierarchical linear models: Applications and data analysis methods. 2ª ed.Thousand Oaks, CA, USA. Sage Publications.485 p. 2002.

157. Reissman, B. & Zoettl, H.W.: Mineral nutrition and growth of pine plantations in Southern Brazil. IUFRO Symposium on Site and Productivity of fast Growing Plantations. Pretoria, Pietermaritzburg, IUFRO, p 647-658. 1984.

158. Renda, A., Jiménez, M. & Carralero, M.: Datos edafológicos, foliares y epidométricos de tres sitios forestales de Matahambre, P. del Río. La Habana, Centro de Investigaciones Forestales, 36 p. 1980a.

159. Renda, A., Jiménez, M., Carralero, M. & Carpio, C.: Datos edafológicos, foliares y epidométricos de tres sitios forestales de San Andrés, P. del Río. La Habana, Centro de Investigaciones Forestales, 41 p. 1980b.

160. Renda, A., Unda, A. & Houssin, J.: Los suelos de la cuenca del río San Diego. La Habana, Centro de Investigaciones Forestales, 91 p. 1974.

161. Reyes. J. L., Herrero. G., León. M. A., Miñoso Y. & Cúrvelo S.: Respuesta a la fertilización de plantaciones de *Pinus caribaea* Morelet var. *caribaea* Barret y Golfari en su hábitat natural en diferentes edades. Revista Forestal Baracoa. Vol. 33, número especial 2014 con ISSN 2078-7235. 587- 598 pp. 2014.

162. Reyes – Millalón., J; Gerding., V. & Thiers - Espinoza O.: Fertilizantes de liberación controlada aplicados al establecimiento de *Pinus radiata* D. Don en Chile. Rev. Chapingo serie ciencias forestales y del ambiente vol.18 no.3 Chapingo ago. dic. 2012. 2012.

163. Riverón, A., Alejandro, J. & Rodríguez, R.: Buenas prácticas y aplicación de medidas correctoras en áreas afectadas por actividades minero-metalúrgicas. Madrid: Instituto Geológico y Minero de España, pp. 46-65. 2007.

164. Rodríguez, B.: Actualidad de la fijación simbiótica del nitrógeno en plantas actinirrícicas. Colección Nuevas tendencias Fijación y Movilización de nutrientes. Madrid: Consejo Superior de Instituciones Científicas. 11: 91-103. 1999.

165. Rodríguez, J. y Álvarez, J.: Nutrición y fertilización de las plantaciones forestales. Gráfica LOM, Santiago de Chile. 520 pp. 2010.

166. Roig. J. T.: *Diccionario Botánico de nombres vulgares cubanos*. Tomo I y II. 1142 pp Ed. Consejo Nacional de Universidades. La Habana. 1965.

167. Rubilar R. A.: Environmental constraints on growth phenology, leaf area display, and above and belowground biomass accumulation of *Pinus radiata* (D. Don) in Chile. Ph.D. Dissertation. Dept. of Forestry and Environmental Resources, North Carolina State Univ., Raleigh, NC. 190 pp. 2005.

168. Rubilar R. *et al.*: Manejo Intensivo al Establecimiento de Plantaciones Forestales de *Pinus sp.* y *Eucalyptus sp.* en Chile y Argentina. 2008a.

169. Rubilar R, L Blevins, J Toro, A Vita, F Muñoz.: Respuesta temprana de pinus radiata al control de malezas y fertlización en suelos metamórficos de la cordillera de la Costa de la Región del Maule. *Bosque 29 (1):*74-84.DOI: 10.4067/S0717 - 92002008000100009. 2008b.

170. Saarsalmi, Anna, Savonen, E., Nikkanen, T., Lipas, E. & Mikola, J.: Effect of fertilization on flowering and seed crop in Scots pine seed orchards Silva Fennica. 28(3): 155 - 176. 1994.

171. Salleh, A. S.: Plantaciones forestales. La mejora de las funciones productivas de los bosques pluviales tropicales. Unasylva. Undécimo Congreso Forestal Mundial. 48 (190/191), p. 38 – 46. 1997.

172. Samek, V. & Del Risco, E.: Los pinares de la provincia Pinar del Río, Cuba. Estudio sinecológico. La Habana, Ed. Academia. 59pp. 1989.

173. Samek, V.: Elementos de silvicultura de los pinares. La Habana: Imp. André Voisin, Universidad de la Habana, p. 102. 1967.

174. Sánchez, P.A. (1981) Suelos del trópico: características y manejo. Serie de Libros y Materiales Educativos No. 48. San José de Costa Rica, IICA, 632 p.

175. Sedjo, R., & A. Solomon.: Greenhouse Warming: Abatement and Adaptation. *RFF Proceedings*, eds. P. Crosson, J. Darmstadter, W. Easterling, y N. Rosenberg. Pág: 110_119. 1989.

176. Segura, Milena.: Estimación de Carbono en Ecosistemas Tropicales: Los aportes de modelos de biomasa. EN: Curso Internacional "Proyecto de Cambio Climático en los Sectores Forestal y Energético: Oportunidades de Desarrollo para Países Latinoamericanos". CATIE-PNUD, C. Rica, 24-28 septiembre. 2001.

177. Shoulders, E. & Wittwer, R.F.: Fertilizing for hig fiber yields in intensively managed plantations. En Impact of Intensive Harvesting on Forest Nutrient

Cycling. Syracuse, State University of New York, US. Dep. Agric. For. Serv. And Dep. Of Energy, Fuels from Biomasa Systems, p 343-359. 1979.

178. Shryock, B., Littke, K., Ciol, M., Briggs, D., & Harrison, R.: The effects of urea fertilization on carbon sequestration in Douglas-firplantations of the coastal Pacific Northwest. *Forest Ecology and Management* , 341–348. 2014.

179. Sikora, K.J.: The use of nuclear techniques for evaluating the agronomic effectiveness. Final Report of the FAO/IAEA Co-ordinated Research Project. FAO/IAEA Division of Nuclear Techniques in Food and Agriculture, Austria, s/p. 1999.

180. Smaill, S. J., Clinton, P., & Greenfield, L.: Nitrogen fertiliser effects on litter fall, FH layer and mineral soil characteristics in New Zealand Pinus radiata plantations. *Forest Ecology and Management* , 564-569. 2008.

181. Solla-Guyón, F., Rodríguez Soalleiro, R., & Merino García, A.: Respuesta de plntaciones forestales jóvenes sobre suelos ácidos a la fertilización con cenizas de biomasa. Cuad. Soc. Espec. Cienc. For: 227-232. Actas de la I Reunión sobre Ecología, Ecofisiología y Suelos Forestales. España: Sociedad española de Ciencias Forestales. 2004.

182. Swanston CW, CM Preston.: Availability of residual fertilizer N from forest floor and mineral soil to Douglas-fir seedlings ten years after fertilization. *Plant and Soil* 318(1-2):381-394. DOI: 10.1007/s11104-014-2132-7. 2014.

183. Taylor, Ch. M. A.: Forest Fertilization in Great Britain. The Fertiliser Society Proceedings 251:1-23. 1986.

184. Thomas, R. & Ayansa, M. A.: Sustainable land Management for the Latin American Savanannas. 231pp. Ed Cali. CIAT. 1999.

185. Thomas, R.C. & Mead, D.J.: Uptake of nitrogen by *Pinus radiata* and retention within the soil after applying 15N-labelled urea at different frequencies. 1 Growth response and nitrogen budgets. Forest Ecology and Management. 53(1-4):131-151. 1992.

186. Toro J., R. Rubilar, R. & González, C.: Métodos para aumentar la productividad de plantaciones de *Pino radiata* y *Eucalyptus globulus* entre las Regiones Séptima y Octava, In: Simposio IUFRO: Manejo Sustentable de los Recursos Forestales, Desafío del siglo XXI. Primer Congreso Latinoamericano. Valdivia, noviembre 1998, 10 p. 1998.

187. Turner, J.: Long-term superphosphate trial in regeneration of *Pinus radiata* at Bilanglo State Forest. N.S.W. Aust. For. Res. 12:1-9. 1982. Citado por Turner y Lambert, 1987.

188. Van Kooten, G. Cornelius; Binkley, Clark S.; & Delcourt, Gregg.: Effect of carbon taxes and subsidies on optimal forest rotation age and supply of carbon services. *American Journal of Agricultural Economics*. 77(5): 365-374. 1995.

189. Vanmechelen, L., Groenemans, R. & Van Ranst, E.: Forest soil condition in Europe, results of a large-scale soil survey. Forest Soil Co-ordinating Centre/Ministry of the Flemish Community. Bruselas, Bélgica. 261 p. 1997.

190. Vásquez A.: *Silvicultura de plantaciones forestales en Colombia.* Tolima: Universidad del Tolima. 2001.

191. Venegas, R., & Palazuelos, R.: Control químico de malezas arbustivas y arbóreas en plantaciones de *Pinus radiata* D. Don. *Bosque,* 20(1), 79-88. 1999. Obtenido de http://mingaonline.uach.cl/pdf/bosque/v20n1/art08.pdf. Enero 2014).

192. Vilá, M., E. García - Berthou, D. Sol & J. Pino.: Survey of the naturalized plants and vertebrates in peninsular Spain. *Ecología Mediterránea*. 27:55-67. 2001.

193. Villate, M.: Flora sinántropa de la reserva florística manejada San Ubaldo-Sabanalamar. Tesis presentada en opción al grado de Doctor en Ciencias Forestales. Pinar del Río, Cuba. Programa Doctoral Conjunto —Desarrollo Sostenible Conservativo de Bosques Tropicales: Universidad de Alicante, España y Universidad de Pinar del Río. Cuba, 133 pp. 2011.

194. Wadsworth, F. H.: Producción forestal para América latina. USA: Departamento de Agricultura de los EE.UU. (USDA). Servicio Forestal, p. 581. 2000.

195. Ward, S., Pickersgill, G., Michaelsein, D. & Bell, D.: Responses to factorial combination of nitrogen, phosphorus and potassium fertilizer by saplings of *Eucalyptus saligna* Sm. and the prediction of the responses by DRIS indices. *Australia Forestry Research.* 15: 23-32. 2006.

196. Will RE, D Markewitz, RL Hendrick, DF Meason, TR Crocker, BE Borders.: Nitrogen and phosphorus dynamics for 13-year-old loblolly pine stands receiving complete competition control and annual N fertilizer. *Forest Ecology and Management* 227:155–168. DOI: 10.1016/j. foreco. 2006. 02.027. 2006

197. Woods P.V., Nambiar E. K. S. & Smethurst P. J.: Effect of annual weeds on water and nitrogen availability to *Pinus radiata* trees in a young plantation. For. Ecol. Manag. 48: 145-163. 1992.

198. Wright, J., Di Nicola A. & Gaitan, E.: Latin American forest plantations: Opportunities for carbon sequestration, economic development, and financial returns. Journal of Forestry 98(9): 20-23. 2000.

199. Xu, Z.H., Simpson, J.A. & Osborne, D.O.: Mineral nutrition of slash pine in subtropical Australia. I Stand growth. Fertilizer Research. 41:93-100. 1995.

200. Zoettl, H.W.: Responses of forests in decline to experimental fertilization. In: Effects of atmospheric Pollutants on Forests, Wetlands and Agricultural Ecosystems. Edited by T.C. Hutchinson and K.M. Meema. Berlín, Springer-Verlag, p 225-265. 1987.

ANEXO 1

Tabla. 2. Volúmenes de madera (m^3 ha^{-1}) por tratamientos y edades.

	Tratamientos							
Edad	T1	T2	T3	T4	T5	T6	T7	T8
6	10,4	12,6	17,0	17,4	18,1	16,8	21,1	18,0
8	18,7	22,9	29,5	33,0	33,5	35,5	39,7	32,8
15	81,5	88,2	130,9	152,9	144,2	150,8	160,4	150,7
33	268,5	203,2	280,4	316,7	311,3	335	347,1	324,5
35	314,0	293,5	373,6	395,2	369,0	442,9	436,5	426,1
41	381,8	364,8	505,2	518,6	524,5	563,9	544,5	527,3

Fuente: Elaboración propia

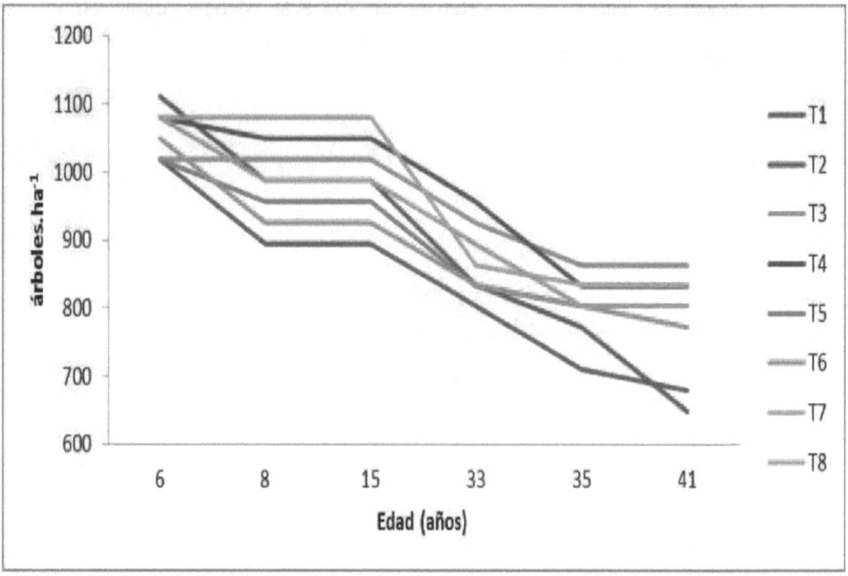

Figura 1. Cantidad de árboles vivos ha^{-1} por edad y tratamiento.

Fuente: Elaboración propia

Tabla 3. Medidas descriptivas para el número de árboles por hectárea. Medias: árboles.ha^{-1}. N: número de árboles ha^{-1}, SD'S: desviación estándar (árboles.ha^{-1}).

		Tratamientos								
Edad		T1	T2	T3	T4	T5	T6	T7	T8	Total
6	N	4	4	4	4	4	4	4	4	32
	Medias	1019	1111	1019	1080	1019	1050	1080	1080	1057
	SD'S	118,2	0,00	118,2	61,50	118,2	71,01	61,50	61,50	82,5
8	N	4	4	4	4	4	4	4	4	32
	Medias	895	988	1019	1050	957	926	1080	988	980
	SD'S	155,2	142,6	118,2	71,0	118,3	71,6	61,5	100,8	108,4
15	N	4	4	4	4	4	4	4	4	32
	Medias	895	988	1019	1050	957	926	1080	988	980
	SD'S	155,2	142,6	118,2	71,0	118,3	71,6	61,5	100,8	108,4
33	N	4	4	4	4	4	4	4	4	32
	Medias	803	834	926	957	833	834	864	895	868
	SD'S	213,8	185,4	71,6	62,0	61,5	185,4	100,8	118,3	131,2
35	N	4	4	4	4	4	4	4	4	32
	Medias	710	772	864	833	803	803	834	803	802
	SD'S	118,3	292,0	0,0	155,6	71,0	159,6	118,2	71,0	136,7
41	N	4	4	4	4	4	4	4	4	32
	Medias	679	648	864	833	803	772	834	803	779
	SD'S	123,5	185,5	0,0	155,6	71,0	185,4	118,2	71,0	134,7
	TOTALS	24	24	24	24	24	24	24	24	192
	Medias	833	890	952	967	895	885	941	926	911
	SD'S	179,3	224,4	106,1	139,5	122,1	153,2	130,3	131,2	155,1

Nota: Los valores de las medias están redondeados al entero más próximo.

Fuente: Elaboración propia

Tabla 4. Medidas descriptivas para la variable altura. Medias: (m). N: número de árboles, SD'S: desviación estándar (m).

Edad		Tratamientos T1	T2	T3	T4	T5	T6	T7	T8	Total
2	N	34	36	33	36	36	35	36	35	281
	Medias	0,842	0,935	0,93	0,926	1,01	0,86	1,03	0,834	0,923
	SD'S	0,304	0,328	0,19	0,265	0,301	0,312	0,357	0,33	0,304
6	N	33	36	33	35	35	34	35	35	276
	Medias	4,75	4,84	5,54	5,41	5,48	5,28	5,64	5,25	5,27
	SD'S	0,87	1,05	0,58	0,688	0,72	1,31	0,97	1,16	0,95
8	N	33	36	33	35	33	34	35	35	274
	Medias	5,65	6,49	6,89	6,62	7	6,73	6,95	6,66	6,63
	SD'S	1,28	1,48	0,89	0,955	1,08	1,61	0,927	1,73	1,29
15	N	29	32	33	34	31	30	33	32	254
	Medias	10,7	10,5	12,3	12,7	12,7	12,9	13	12,8	12,2
	SD'S	2,76	2,23	1,4	1,73	1,15	1,53	0,684	1,65	1,73
33	N	26	27	30	31	27	27	28	29	225
	Medias	17,5	13,1	16,1	16,3	16,1	17,1	17,8	16,4	16,3
	SD'S	2,44	3,22	2,56	2,33	2,56	2,45	2,22	1,84	2,47
35	N	23	25	28	27	26	26	27	26	208
	Medias	19,6	17,4	18,7	19	19,3	19,2	19,8	19,8	19,1
	SD'S	1,81	3,18	1,99	1,73	2,07	2,23	1,57	1,17	2,04
41	N	22	21	28	27	25	25	27	26	201
	Medias	21,3	20,4	20,9	21,3	21,9	21,3	21,5	21,6	21,3
	SD'S	1,86	1,75	1,99	1,81	2,17	1,96	1,64	1,4	1,84
	Total	200	213	218	225	213	211	221	218	1719
	Medias	10,3	9,37	11,2	11	11	11	11,4	11,1	10,8
	SD'S	1,74	2,03	1,55	1,48	1,54	1,69	1,27	1,4	1,6

Fuente: Elaboración propia

Tabla 5. Coeficientes de variación por edad y tratamiento para la altura.

	Tratamientos							
Edad	T1	T2	T3	T4	T5	T6	T7	T8
2	0,36	0,35	0,21	0,29	0,30	0,36	0,35	0,40
6	0,18	0,22	0,11	0,13	0,13	0,25	0,17	0,22
8	0,23	0,23	0,13	0,14	0,15	0,24	0,13	0,26
15	0,26	0,21	0,11	0,14	0,09	0,12	0,05	0,13
33	0,14	0,25	0,16	0,14	0,16	0,14	0,12	0,11
35	0,09	0,18	0,11	0,09	0,11	0,12	0,08	0,06
41	0,09	0,09	0,10	0,08	0,10	0,09	0,08	0,06
Media Geométrica	0,17	0,20	0,13	0,13	0,14	0,17	0,12	0,14

Fuente: Elaboración propia

Tabla 6. Parámetros o coeficientes (error estándar) resultantes de los modelos multinivel para la altura (m). e_{ij}: varianza entre medidas repetidas de cada árbol; Error U_{0j}: varianza entre árboles.

	Coeficientes (error estándar)			
	Modelo 0	Modelo 1	Modelo 2	Modelo 3
Constante	0,92 (0,018)	10,79 (0,174)	10,29 (0,508)	1,44 (0,199)
T2			-0,92 (0,708)	-0,77 (0,257)*
T3			0,89 (0,704)	0,25 (0,258)
T4			0,63 (0,699)	0,35 (0,255)
T5			0,69 (0,708)	0,54 (0,258)*
T6			0,70 (0,709)	0,48 (0,259)*
T7			1,12 (0,701)	0,88 (0,256)**
T8			0,77 (0,700)	0,47 (0,257)*
Edad				0,85 (0,015)**
Edad^2				-0,01 (0,0001)**
	Efectos aleatorios			
Error U_{0j}	0,094 (0,008)	0,00 (0,000)	0,00 (0,000)	0,55 (0,096)
e_{ij}		52,04 (1,775)	51,66 (1,762)	3,44 (0,128)
Desvianza		11671,70	11659,34	7188,51
Con modelo 1			12,36	4483,19**
Con modelo 2				4470,83**

**p < 0,01 * p < 0,05

Fuente: Elaboración propia

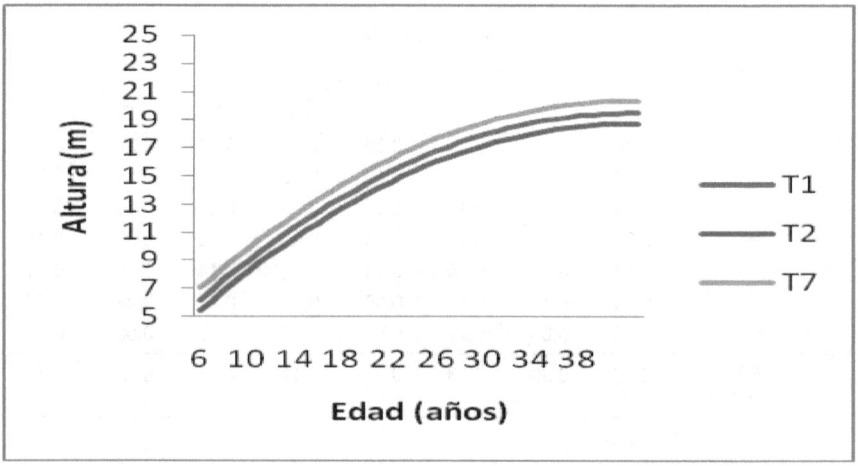

Figura 2. Curvas de crecimiento estimadas para la altura en los tratamientos T1, T2 y T7.
Fuente: Elaboración propia

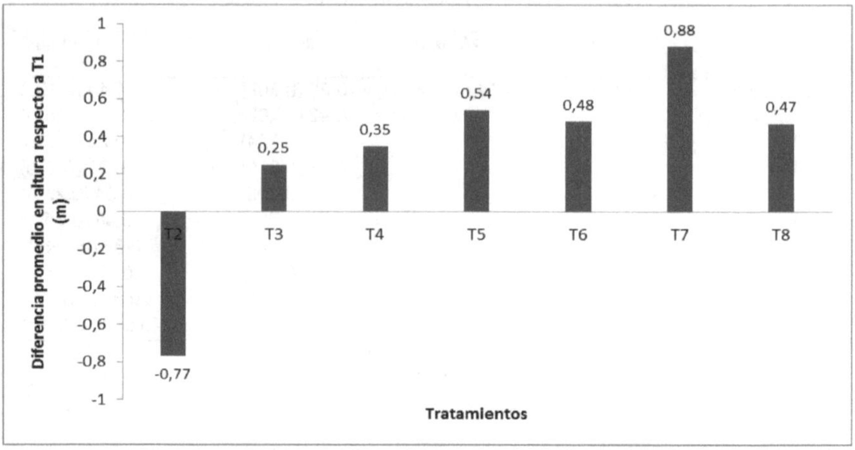

Figura 3. Coeficientes de las variables asociadas a los tratamientos, para la altura, en el modelo 3.

Fuente: Elaboración propia

Tabla 7. Modelos multinivel para la altura en dos etapas de crecimiento.

	Coeficientes (error estándar)	
	2 a 15 años	de 33 a 41 años
Constante	0,250(0,151) *	-144,476(9,741)***
T2	0,197(0,196) ns	-2,862(0,582) ***
T3	0,893(0,200) ***	-0,934(0,580) ns
T4	0,873(0,197) ***	-0,706(0,563) ns
T5	1,016(0,198) ***	-0,316(0,580) ns
T6	0,883(0,199) ***	-0,181(0,580) ns
T7	1,127(0,197) ***	0,382(0,575) ns
T8	0,826(0,196) ***	-0,165(0,572) ns
Edad	1,078(0,023) ***	8,887(0,558) ***
Edad^2	-0,017(0,002) ***	-0,119(0,008) ***
	Efectos aleatorios	
$\sigma^2_{árboles}$	0,384(0,058)	4,018(0,420)
$\sigma^2_{medidas}$	1,102(0,055)	1,156(0,081)
-2LL	3422,770	2420,870

-2LL: -2*log verosimilitud * = P< 0,05; ** = P< 0,01; ns = no significativo; $\sigma^2_{árboles}$= variabilidad entre árboles; $\sigma^2_{medidas}$= variabilidad entre las medidas.

Fuente: Elaboración propia

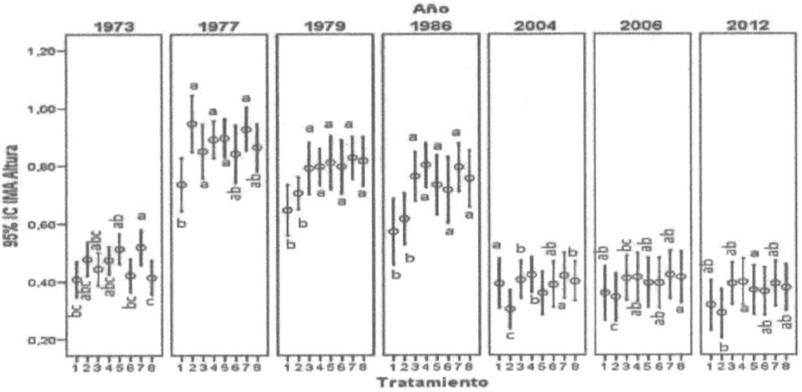

Figura 4. Barras de error de los valores de los incrementos medios anuales en altura según los diferentes tratamientos y edades.

Fuente: Elaboración propia

Tabla 8. Medidas descriptivas para la variable diámetro. Medias: (cm). N: número de árboles ha^{-1}, SD'S: desviación estándar (cm).

		Tratamientos								
Edad		T1	T2	T3	T4	T5	T6	T7	T8	Total
6	N	33	36	33	35	35	34	35	35	276
	MEANS (cm)	7,09	6,84	8,61	8,42	8,91	8,04	8,99	8,46	8,17
	SD'S (cm)	1,67	2,38	1,04	1,47	1,25	2,33	1,93	2,17	1,85
8	N	33	36	33	35	33	34	35	35	274
	MEANS (cm)	8,69	8,87	10,1	10,3	10,8	9,85	11,2	10,1	9,98
	SD'S (cm)	1,87	2,28	1,33	1,96	1,87	3,01	2,01	2,65	2,18
15	N	29	32	33	34	31	30	33	32	254
	MEANS (cm)	13,8	13,9	15,8	16,3	16,7	17,2	17,3	16,7	16
	SD'S (cm)	3,13	3	3,02	2,71	2,97	3,26	2,43	2,8	2,92
33	N	26	27	30	31	27	27	28	29	225
	MEANS (cm)	21,5	20,4	22	22,4	22,3	23,8	23,7	23,3	22,4
	SD'S (cm)	4,02	5,44	4,07	3,96	4,81	4,42	4,46	3,75	4,38
35	N	23	25	28	27	26	26	27	26	208
	MEANS (cm)	23,6	22,4	23,8	25,3	24,3	25,9	25,7	26,5	24,7
	SD'S (cm)	3,12	5,39	4,11	3,1	5,1	4,22	4,49	2,75	4,14
41	N	22	21	28	27	25	25	27	26	201
	MEANS (cm)	25,6	26,1	25,8	27,8	26,5	28,4	27,5	28,5	27,1
	SD'S (cm)	3	3,38	4,02	3,61	5,05	4,35	4,74	3,15	4,0
	TOTALS	166	177	185	189	177	176	182	183	1438
	MEANS (cm)	15,6	15,1	17,2	17,7	17,4	17,9	18,1	18	17,1
	SD'S (cm)	2,83	3,71	3,13	2,87	3,66	3,59	3,41	2,88	3,28

Fuente: Elaboración propia

Tabla 9. Coeficientes de variación por edad y tratamiento para el diámetro.

	Tratamientos							
Edad	T1	T2	T3	T4	T5	T6	T7	T8
6	0,24	0,35	0,12	0,17	0,14	0,29	0,21	0,26
8	0,22	0,26	0,13	0,19	0,17	0,31	0,18	0,26
15	0,23	0,22	0,19	0,17	0,18	0,19	0,14	0,17
33	0,19	0,27	0,19	0,18	0,22	0,19	0,19	0,16
35	0,13	0,24	0,17	0,12	0,21	0,16	0,17	0,10
41	0,12	0,13	0,16	0,13	0,19	0,15	0,17	0,11
Media Geométrica	0,18	0,23	0,16	0,16	0,18	0,21	0,18	0,17

Fuente: Elaboración propia

Tabla 10. Parámetros o coeficientes (error estándar) resultantes de los modelos multinivel para la diámetro (cm). e_{ij}: varianza entre medidas repetidas de cada árbol; Error U_{0j}: varianza entre árboles

	Coeficientes (error estándar)			
	Modelo 0	Modelo 1	Modelo 2	Modelo 3
Constante	8,17(0,119)	17,15(0,210)	15,58 (0,613)	7,28 (0,454)
T2			-0,50 (0,853)	-0,39 (0,616)
T3			1,64 (0,844)	0,96 (0,623)
T4			2,07 (0,840)	1,60 (0,616)*
T5			1,83 (0,853)	1,73 (0,621)*
T6			2,33 (0,854)	1,94 (0,623)**
T7			2,56 (0,848)	2,44 (0,618)**
T8			2,39 (0,846)	1,87 (0,618)**
Edad				0,77 (0,024)**
Edad^2				-0,008(0,001)**
	Efectos aleatorios			
Error U_{0j}	3,88 (0,331)	0,00 (0,000)	0,00 (0,000)	5,152 (0,550)
e_{ij}		63,43(2,37)	62,29 (2,326)	6,195 (0,257)
Desvianza		10020,43	9994,56	7 137,18
Con modelo 1			25,87**	2883,25**
Con modelo 2				2857,38**

**p < 0,01 * p < 0,05

Fuente: Elaboración propia

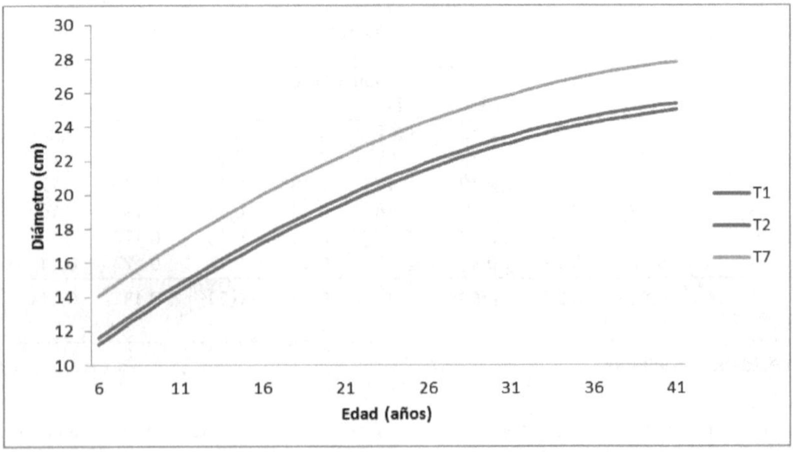

Figura 5. Curvas de crecimiento estimadas para el diámetro en los tratamientos T1, T2 y T7.

Fuente: Elaboración propia

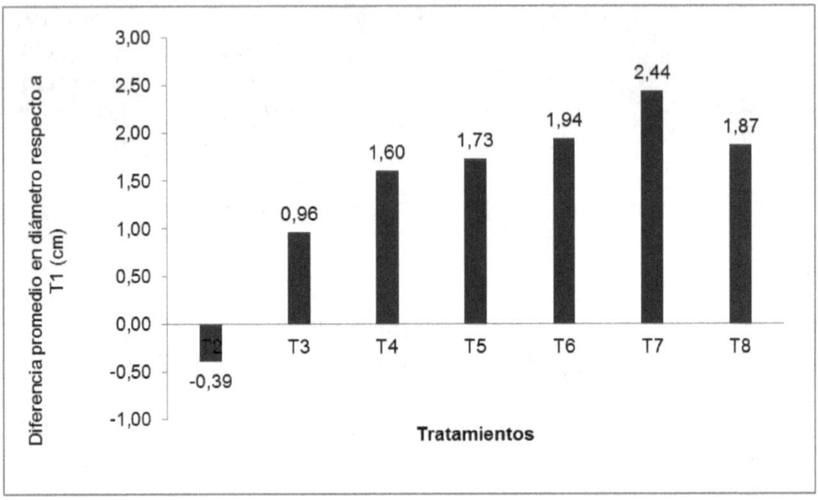

Figura 6. Coeficientes de las variables asociadas a los tratamientos, para el diámetro en el modelo 3.

Fuente: Elaboración propia

Tabla 11. Modelos multinivel para el diámetro dos etapas de crecimiento.

	Coeficientes (error estándar)	
	2 a 15 años	de 33 a 41 años
Constante	6,749 (0,346) ***	-57,11 (6,34) ***
T2	0,019 (0,473) ns	-1,178 (1,192) ns
T3	1,595 (0,482) ***	0,417 (1,162) ns
T4	1,744 (0,476) ***	1,308 (1,154) ns
T5	2,256 (0,478) ***	1,256 (1,192) ns
T6	1,742 (0,480) ***	2,599 (1,192) *
T7	2,597 (0,476) ***	2,610 (1,192) *
T8	1,748 (0,476) ***	2,291 (1,172) *
Edad	0,858 (0,015) ***	4,769 (0,407) ***
Edad^2		-0,069(0,007) ***
	Efectos aleatorios	
$\sigma^2_{árboles}$	2,977 (0,332)	18,510 (1,78)
$\sigma^2_{medidas}$	2,510 (0,155)	0,780(0,05)
-2LL	3428,550	2570,890

-2LL: -2*log verosimilitud * = P< 0,05; ** = P< 0,01; ns = no significativo; $\sigma^2_{árboles}$= variabilidad entre árboles; $\sigma^2_{medidas}$= variabilidad entre las medidas.

Fuente: Elaboración propia

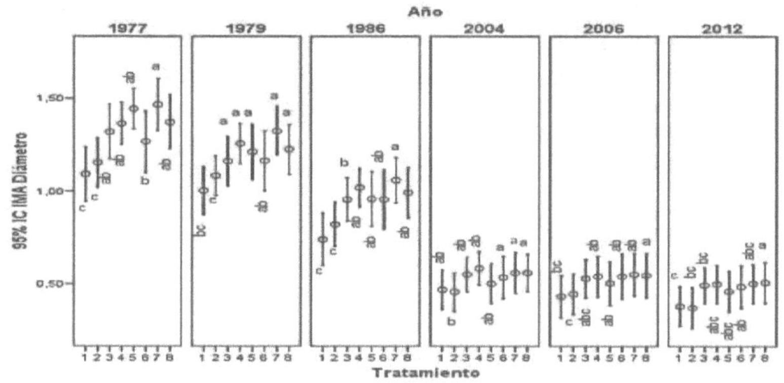

Figura 7. Barras de error de los valores de los incrementos medios anuales en diámetro según los diferentes tratamientos y edades.

Fuente: Elaboración propia

Tabla 12. Medidas descriptivas para la variable volumen (dm^3 árboles^{-1}). Medias: dm^3 árboles^{-1}. N: número de árboles ha^{-1}, SD'S: desviación estándar (dm^3).

		Tratamientos								
Edad		T1	T2	T3	T4	T5	T6	T7	T8	Total
6	N	33	36	33	35	35	34	34	35	275
	Medias	10,6	10,7	16,7	16,1	17,7	16	19,4	16,7	15,5
	SD'S	6,16	7,2	5,68	7,01	6,8	10,2	7,66	8,23	7,48
8	N	33	36	33	35	33	34	34	35	273
	Medias	18,8	22,2	28,4	29,6	33,5	30,6	35,9	30,6	28,7
	SD'S	10,7	11,1	8,77	13,2	15,1	19,5	16,6	17,1	14,5
15	N	29	32	33	34	31	30	33	32	254
	Medias	91,1	88,8	127	139	147	159	157	147	132
	SD'S	48,7	46,3	52,3	60,7	59,9	70,8	49,7	62,6	56,9
33	N	26	27	30	31	27	27	28	29	225
	Medias	336,7	247,5	327,2	338,1	337,5	406,9	410,1	362,5	345,9
	SD'S	138,6	143,8	145,7	141,3	182	181,3	158,7	115,9	156,8
35	N	23	25	28	27	26	26	27	26	208
	Medias	442,8	383,7	436,5	492,6	481	530,9	534,2	554,3	482,9
	SD'S	145,3	180,4	169,2	151,3	255,1	207	195,6	129,1	188,2
41	N	22	21	28	27	25	25	27	26	201
	Medias	562,6	562,8	570,9	666,3	643,4	705,6	666	705	637,9
	SD'S	166,6	169,1	202,2	213,3	300,5	258,7	252,3	187,2	227,9
	N	166	177	185	189	177	176	183	183	1436
	Medias	210	181	236	254	248	277	278	271	245
	SD'S	100	107	120	117	167	147	139	101	127

Fuente: Elaboración propia

Tabla 13. Parámetros o coeficientes (error estándar) resultantes de los modelos multinivel para el volumen (dm^3 $árboles^{-1}$). e_{ij}: varianza entre medidas repetidas de cada árbol; Error U_{0j}: varianza entre árboles.

	Modelo 1	Modelo 2	Modelo 3	Modelo 4	Modelo 5
Constante	244,09(7,19)	25,18(6,86)	-0,62(16,05)	198,90(38,02)	
Edad		4,94(1,02)**	4,94(1,02)**	3,73(1,04)**	3,82 (1,11)**
Edad^2		0,34(0,03)**	0,34(0,03)**	0,34(0,03)**	0,33(0,03)**
T2			-20,74(21,61)		
T3			6,03(21,78)		
T4			30,89(21,85)		
T5			30,78(21,76)		
T6			54,71(21,82)**		
T7			55,69(21,63)**		
T8			48,77(21,63)**		
S				-0,16(0,035)**	
Edad*T2					-1,79(0,75)**
Edad*T3					-0,27 (0,73)
Edad*T4					1,61 (0,73)*
Edad*T5					1,34 (0,74)*
Edad*T6					3,21 (0,74)**
Edad*T7					2,36(0,74)**
Edad*T8					2,95(0,74)**
			Efectos aleatorios		
Error U_{0j}	1024,21(1281,46	6241,26(733,49)	5562,73(675,11)	6155,58(723,19	5614,65(670,36
e_{ij}	68516,54(2824,4	11291,63(468,1	11287,60(467,8	11122,65(461,0	10757,33(445,9
Desvianza	20085,42	17842,56	17819,40	17821,16	17761,55
Con mod.		2242,86**	2266,02**	2264,26**	2323,87**
Con mod.			23,16**	21,40**	81,01**

*p < 0,05 **p < 0,01

Fuente: Elaboración propia

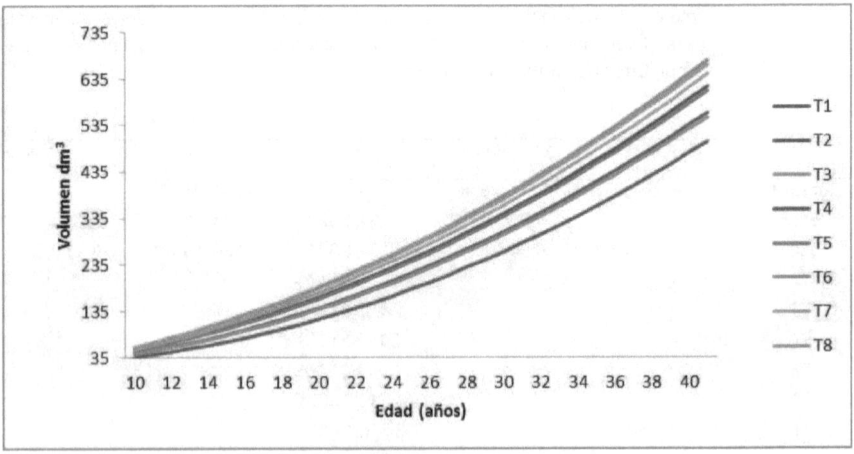

Figura 8. Coeficientes de las variables asociadas a los tratamientos, para el volumen, en el modelo 3.

Fuente: Elaboración propia

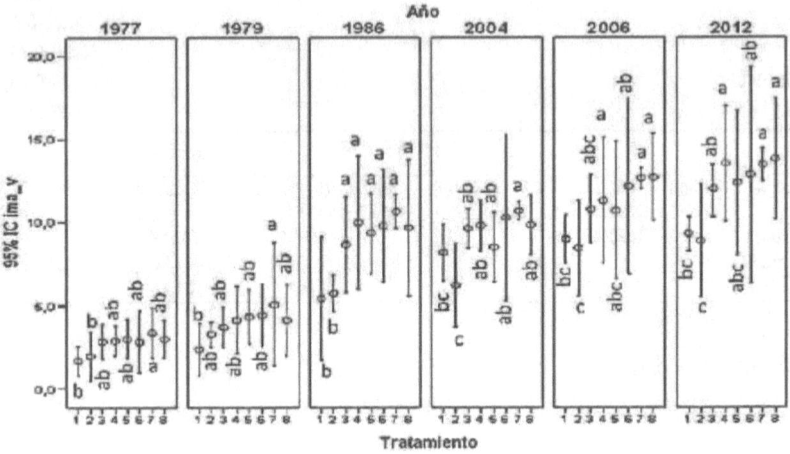

Figura 9. Barras de error de los valores de los incrementos medios anuales en volumen según los diferentes tratamientos y edades.

Fuente: Elaboración propia

Tabla 14: Rangos medios para cada año en la prueba de Friedman para la esbeltez

Ranks

	Mean Rank
E_1977	2,11
E_1979	2,53
E_1986	4,05
E_2004	3,30
E_2006	4,27
E_2012	4,74

Fuente: Elaboración propia

Tabla 15: Resultados de la prueba de Friedman para la esbeltez

Test Statistics[a]	
N	198
Chi-Square	302,255
df	5
Asymp. Sig.	,000

Fuente: Elaboración propia

Tabla 16: Prueba de Wilcoxon

	Z	Asymp. Sig. (2-tailed)
E_1979 - E_1977	-3,081[b]	,002
E_1986 - E_1977	-9,605[b]	,000
E_2004 - E_1977	-7,033[b]	,000
E_2006 - E_1977	-8,965[b]	,000
E_2012 - E_1977	-9,516[b]	,000
E_1986 - E_1979	-9,840[b]	,000
E_2004 - E_1979	-5,728[b]	,000
E_2006 - E_1979	-8,434[b]	,000
E_2012 - E_1979	-9,261[b]	,000
E_2004 - E_1986	-3,081[c]	,002
E_2006 - E_1986	-1,879[b]	,060
E_2012 - E_1986	-3,255[b]	,001
E_2006 - E_2004	-8,319[b]	,000
E_2012 - E_2004	-8,578[b]	,000
E_2012 - E_2006	-4,659[b]	,000

Fuente: Elaboración propia

Tabla 17. Prueba de Kruskal Wallis

Test Statistics[a,b]

	E_1977	E_1979	E_1986	E_2004	E_2006	E_2012
Chi-Square	15,400	12,858	3,450	23,340	15,573	21,345
df	7	7	7	7	7	7
Asymp. Sig.	,031	,076	,840	,001	,029	,003

Fuente: Elaboración propia

Tabla 18. Probabilidad en las comparaciones pareadas de la prueba U de Mann Whitney con respecto al tratamiento testigo.

Comparación	E_1977	E_1979	E_1986	E_2004	E_2006	E_2012
T1-T2	,052	,144	,616	,011	,170	,319
T1-T3	,052	,144	,616	,011	,170	,319
T1-T4	,067	,990	,490	,009	,003	,010
T1-T5	,002	,778	,976	,037	,262	,966
T1-T6	,498	,078	,504	,009	,003	,002
T1-T7	,062	,387	,667	,180	,176	,240
T1-T8	,026	,357	,919	,004	,002	,002

Fuente: Elaboración propia

Tabla 19: Tabla de contingencia para esbeltez * tratamiento

Count				
		Esbeltez		Total
		Esbeltez < 100	Esbeltez ≥ 100	
Tratamiento	T1	154	12	166
	T2	157	20	177
	T3	175	10	185
	T4	186	3	189
	T5	171	6	177
	T6	170	6	176
	T7	177	8	185
	T8	174	9	183
Total		1364	74	1438

Fuente: Elaboración propia

Tabla 20: Resultados de la prueba Chi Cuadrado

Chi-Square Tests

	Value	df	Asymp. Sig. (2-sided)
Pearson Chi-Square	22,616[a]	7	,002
Likelihood Ratio	21,170	7	,004
N of Valid Cases	1438		

a. 0 cells (0,0 %) have expected count less than 5. The minimum expected count is 8,54.

Fuente: Elaboración propia

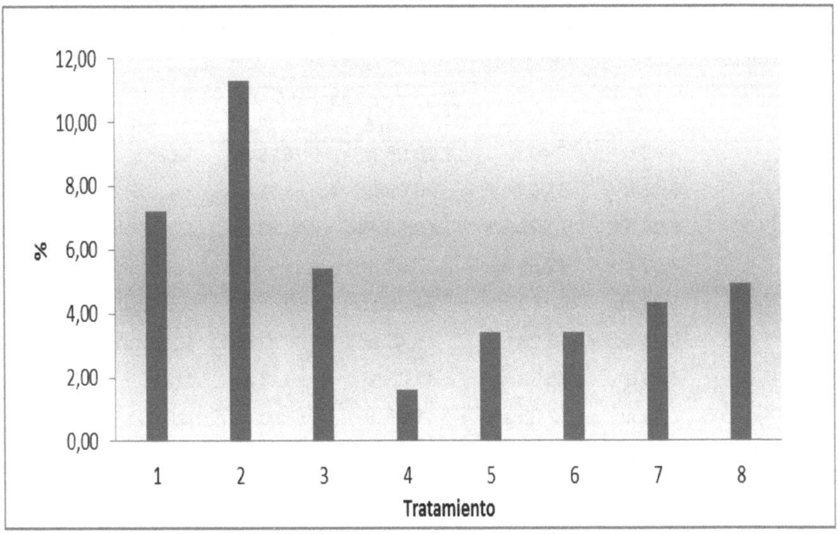

Figura 10. Porciento de árboles con índice de esbeltez superior a 100.

Fuente: Elaboración propia

Tabla 21. Medias geométricas para el índice de esbeltez por tratamiento y edad de la plantación

Edad (años)	T1	T2	T3	T4	T5	T6	T7	T8
6	66,94	62,24	64,12	64,39	61,61	63,35	69,37	64,76
8	64,97	74,35	68,19	64,61	65,27	71,04	62,59	67,36
15	76,74	75,28	79,10	78,34	76,79	75,66	75,68	77,01
33	82,11	65,37	73,23	73,13	72,93	72,39	75,60	71,13
35	83,35	78,87	79,56	75,32	80,44	74,44	77,29	75,16
41	83,48	78,76	81,37	76,96	83,76	75,38	78,62	76,17
Media geométrica general	75,87	72,18	73,98	71,90	73,03	71,91	72,97	71,78

Fuente: Elaboración propia

Tabla 22. Volúmenes de carbono (t/ha) retenido por las plantaciones en dependencia de los tratamientos y la edad.

Tratamiento	Edad de la plantación (años)					
	6	8	15	33	35	41
T-1	4,53 b	7,40 c	26,08 c	76,73 ab	88,28 b	106,25 b
T-2	5,13 b	9,00 bc	29,03 bc	61,55 b	83,40 b	102,03 b
T-3	6,88 ab	11,20 abc	40,93 abc	81,80 ab	105,50 ab	139,83 ab
T-4	7,05 ab	12,58 abc	37,03 abc	91,68 a	111,58 ab	154,43 a
T-5	7,38 ab	12,60 abc	44,25 ab	90,25 a	103,70 ab	137,28 ab
T-6	6,75 ab	13,28 ab	45,40 ab	96,13 a	124,53 a	156,68 a
T-7	8,43 a	15,00 a	48,85 a	99,13 a	122,80 a	151,48 a
T-8	7,33 ab	12,33 abc	46,08 ab	93,93 a	120,00 a	146,58 a
EE	0,900	1,613	5,406	6,993	9,577	12,749
CV	20,74	31,36	31,17	19,77	20,78	22,08

Fuente: Elaboración propia

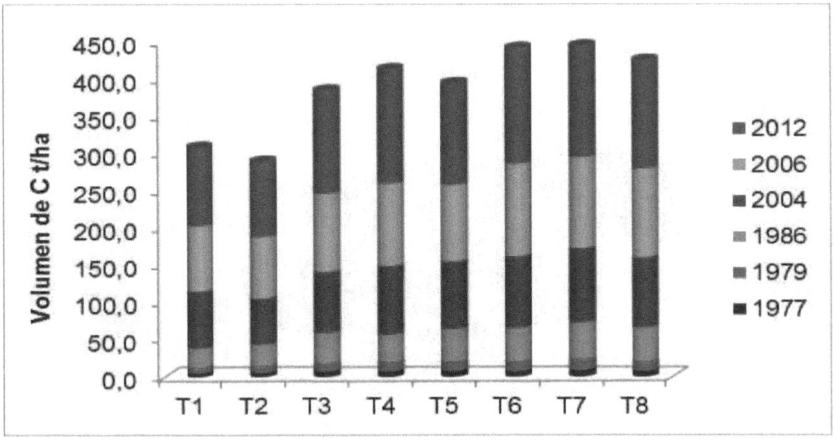

Figura 11. Toneladas de carbono retenidas por edad y tratamiento.

Fuente: Elaboración propia

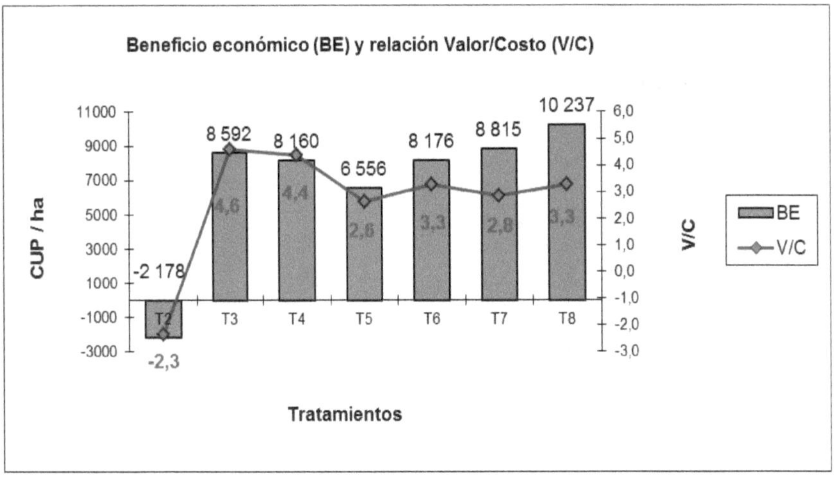

Fig. 12. Análisis económico del experimento sobre aplicación de fertilizantes minerales en un suelo Alítico de Baja Actividad Arcillosa.

Fuente: Elaboración propia

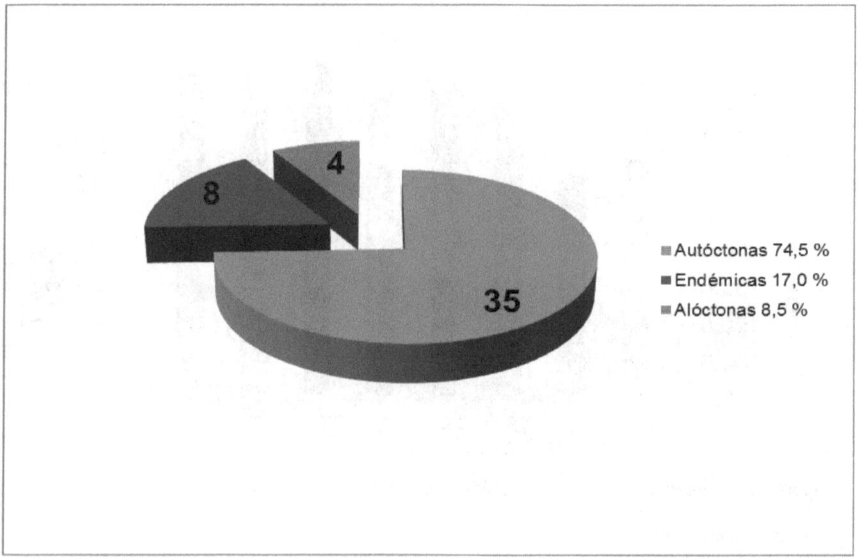

Figura 13. Cantidad total de especies (%) según su origen.

Fuente: Elaboración propia

Tabla 23. Lista de especies por nombres científicos y origen. Período hidrológico poco lluvioso (2012).

	Especie	Familia	Nombre	Origen
1	*Acacia mangium* Willd.	Fabaceae	acacia	Alóctonas
2	*Alchornea latifolia,* Sw	Euphorbiaceae	aguacatillo	Autóctona
3	*Smilax havanensis,* Jacq., Var.	Smilacaceae	alambrillo	Autóctona
4	*Myrica cerifera*, Lin.	Myricaceae	arraigán	Autóctona
5	*Paspalum notatum*	Poaceae	alpargata	Autóctona
6	*Tricholaena rosea, Nees*	Poaceae	barba de indio	Alóctonas
7	*Coccocypselum guianense* (Aubl.) K. Schum.	Rubiaceae	bejuco azul	Autóctona
8	*Davilla rugosa*	Dilleniaceae	bejuco colorado	Autóctona
9	*Faramea occidentalis* (L.) A. Rich.	Rubiaceae	cafetillo	Autóctona
10	*Paspalum virgatum,* Lin	Poaceae	caguazo	Autóctona
11	*Citharexylum fruticosum* L.	Verbenaceae	canilla de venado	Autóctona
12	*Cyperus rotundus,* Lin.	Cyperaceae	cebolleta	Autóctona
13	*Clusia rosea* Jacq.	Clusiaceae	copey	Autóctona
14	*Conostegia xalapensis* D. Don	Melastomataceae	cordobán grande	Autóctona
15	*Scleria melaleuca Rchb.*	Cyperaceae	cortadera	Autóctona
16	*Tillandsia fasciculata* Sw.	Bromeliaceae	curujey	Autóctona
17	*Pithecellobium abovale* (Rich.)	Mimosaceae	encinillo	Endémica
18	*Quercus oleoides* Schltdl. & Cham.	Fagaceae	encino	Endémica
19	*Cyathea arborea,* Smith	Cyatheaceae	helecho arbóreo	Autóctona
20	*Chrysobalanus icaco* L.	Chrysobalanaceae	hicaco	Autóctona
21	*Roigella correifolia* (Griseb.)	Rubiaceae	jazmín del pinar	Endémica
22	*Plumbago scandens,* Lin.	Plumbaginaceae	legaña de aura	Autóctona
23	*Matayba apetala* (Macf.) Radlk.	Sapindaceae	macurije	Autóctona
24	*Xylopia aromatica* A. Rich.	Annonaceae	malagueta	Autóctona
25	*Urena lobata* L.	Malvaceae	malva blanca	Alóctonas
26	*Sorghastrum stipoides* (Kunth) Nash.	Poaceae	pajón macho	Autóctona
27	*Byrsonima crassifolia* L.	Malpighiaceae	peralejo del pinar	Autóctona
28	*Pinus caribaea* var. *caribaea*	Pinaceae	pino macho	Autóctona
29	*Alibertia edulis* Rich.	Rubiaceae	Pitajoní hembra	Autóctona
30	*Syzygium jambos* (L.)	Myrtaceae	pomarrosa	Alóctonas
31	*Casearia hirsuta* Sw.	Salicaceae	raspa lengua	Autóctona
32	*Psychotria androsaemifolia* Griseb	Rubiaceae	tapa camino	Autóctona
33	*Didymopanax morototoni* (Aubl)	Araliaceae	yagruma macho	Autóctona

Fuente: Elaboración propia

Tabla 24. Lista de especies por nombres científicos y origen. Período hidrológico lluvioso (2013).

	Especie	Familia	Nombre	Origen
1	*Acacia mangium* Willd.	Fabaceae	acacia	Alóctonas
2	*Smilax havanensis* Jacq., Var.	Smilacaceae	alambrillo	Autóctona
3	*Myrica cerifera*, Lin.	Myricaceae	arraigán	Autóctona
4	*Paspalum notatum*	Poaceae	alpargata	Autóctona
5	*Tricholaena rosea, Nees*	Poaceae	barba de indio	Alóctonas
6	*Coccocypselum guianense* (Aubl.) K. Schum.	Rubiaceae	bejuco azul	Autóctona
7	*Davilla rugosa*	Dilleniaceae	bejuco colorado	Autóctona
8	*Cuscuta americana* L.	Convolvulaceae	bejuco fideo	Autóctona
9	*Faramea occidentalis* (L.) A. Rich.	Rubiaceae	cafetillo	Autóctona
10	*Paspalum virgatum*, Lin	Poaceae	caguazo	Autóctona
11	*Citharexylum fruticosum* L.	Verbenaceae	canilla de venado	Autóctona
12	*Callisia repens* (Jacq.) L.	Commelinaceae	canutillo rastrero	Endémica
13	*Clusia rosea* Jacq.	Clusiaceae	copey	Autóctona
14	*Conostegia xalapensis* D. Don	Melastomataceae	cordobán grande	Autóctona
15	*Scleria melaleuca* Rchb.	Cyperaceae	cortadera	Autóctona
16	*Tillandsia fasciculata* Sw.	Bromeliaceae	curujey	Autóctona
17	*Quercus oleoides* Schltdl. & Cham.	Fagaceae	encino	Endémica
18	*Pithecellobium abovale* (Rich.)	Mimosaceae	encinillo	Endémica
19	*Cyathea arborea, Smith*	*Cyatheaceae*	helecho arbóreo	Autóctona
20	*Fischeria crispiflora* (Sw.).	Apocynaceae	huevo de toro	Endémica
21	*Chrysobalanus icaco* L.	Chrysobalanaceae	hicaco	Autóctona
22	*Roigella correifolia* (Griseb.)	Rubiaceae	jazmín del pinar	Endémica
23	*Plumbago scandens,* Lin.	Plumbaginaceae	legaña de aura	Autóctona
24	*Plumeria emarginata* Griseb.	Apocynaceae	lirio de sierra	Autóctona
25	*Matayba apetala* (Macf.) Radlk.	Sapindaceae	macurije	Autóctona
26	*Xylopia aromatica* A. Rich.	Annonaceae	malagueta	Autóctona
27	*Urena lobata* L.	Malvaceae	malva blanca	Alóctonas
28	*Melochia villosa* (Mill.)	Malvaceae	malva mora	Autóctona
29	*Cojoba arborea* (L.) Britton & Rose	Mimosaceae	moruro	Autóctona
30	*Sorghastrum stipoides* (Kunth) Nash.	Poaceae	pajón macho	Autóctona
31	*Allophylus cominia* (L.)	Sapindaceae	palo de caja	Autóctona
32	*Byrsonima crassifolia* L.	Malpighiaceae	peralejo del pinar	Autóctona
33	*Pinus caribaea var. caribaea*	Pinaceae	pino macho	Autóctona
34	*Alibertia edulis* Rich.	Rubiaceae	pitajoní hembra	Autóctona
35	*Syzygium jambos* (L.)	Myrtaceae	pomarrosa	Alóctonas
36	*Alsophila myosuroides*	Ciateaceae	rabo de mono	Endémica
37	*Espadaea amoena* A. Rich	Solanaceae	*rascabarriga*	Endémica
38	*Casearia hirsuta* Sw.	Salicaceae	raspa lengua	Autóctona
39	*Tabebuia lepidota* (Kunth) Britton	Bignoniaceae	roble	Autóctona
40	*Psychotria androsaemifolia* Griseb	Rubiaceae	tapa camino	Autóctona
41	*Odontosoria wrightiana*	Nelumbonaceae	uña de gato	Endémica
42	*Didymopanax morototoni* (Aubl)	Araliaceae	yagruma macho	Autóctona
43	*Imperata brasiliensis* Trin	Poaceae	yáguna	Autóctona
44	*Guarea guara* Jasq.	Meliaceae	yamao	Autóctona
45	*Cyrilla racemiflora* L.	Cyrillaceae	yanilla	Autóctona

Fuente: Elaboración propia

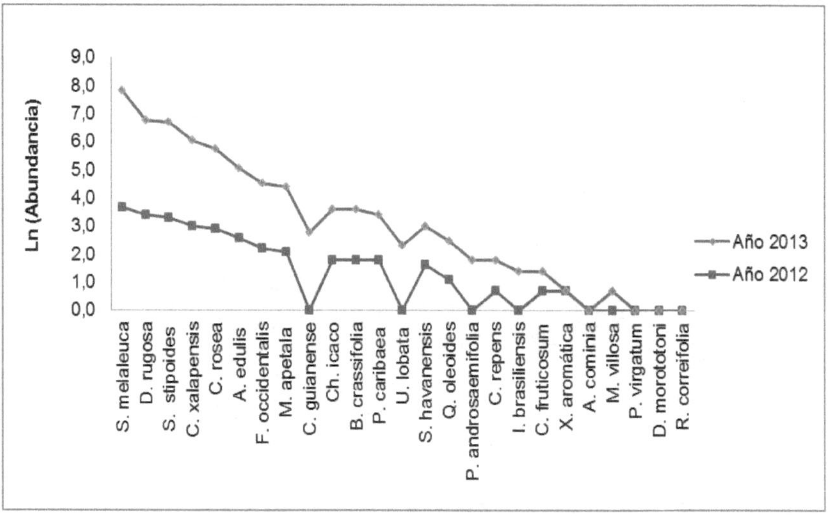

Fig 14. Curvas de abundancia de las especies presentes en el estrato menor de 1,30 metros del tratamiento T1.

Fuente: Elaboración propia

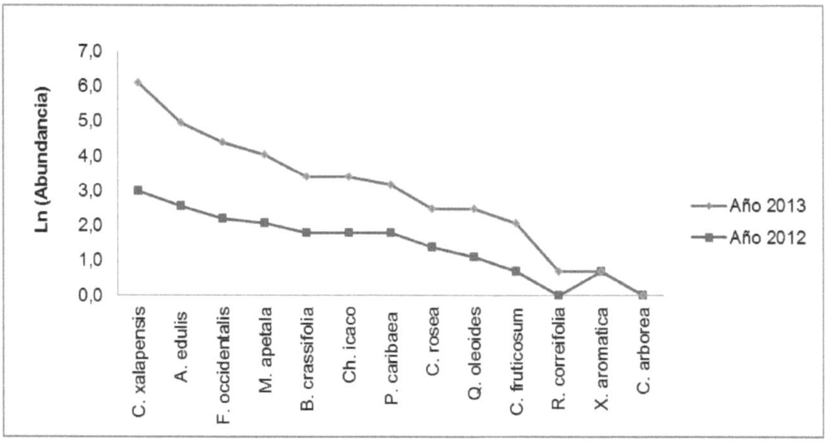

Fig 15. Curvas de abundancia de las especies presentes en el estrato mayor de 1,30 metros del tratamiento T1.

Fuente: Elaboración propia

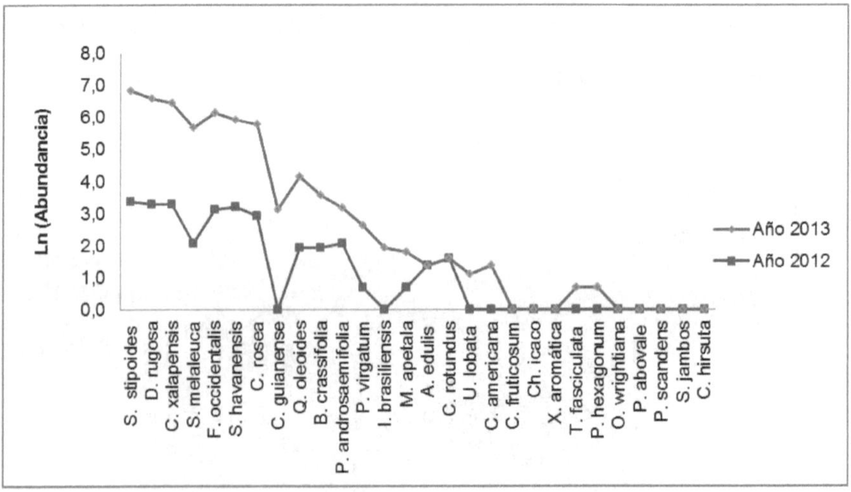

Fig 16. Curvas de abundancia de las especies presentes en el estrato menor de 1,30 metros del tratamiento T2.

Fuente: Elaboración propia

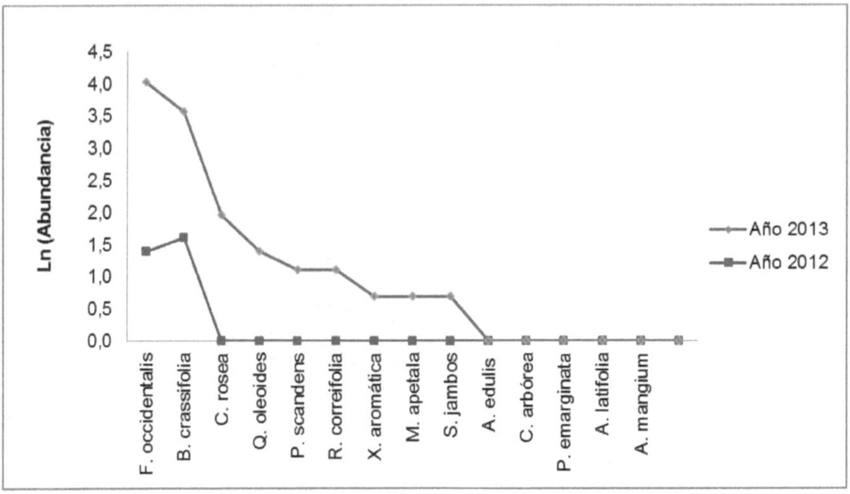

Fig 17. Curvas de abundancia de las especies presentes en el estrato mayor de 1,30 metros del tratamiento T2.

Fuente: Elaboración propia

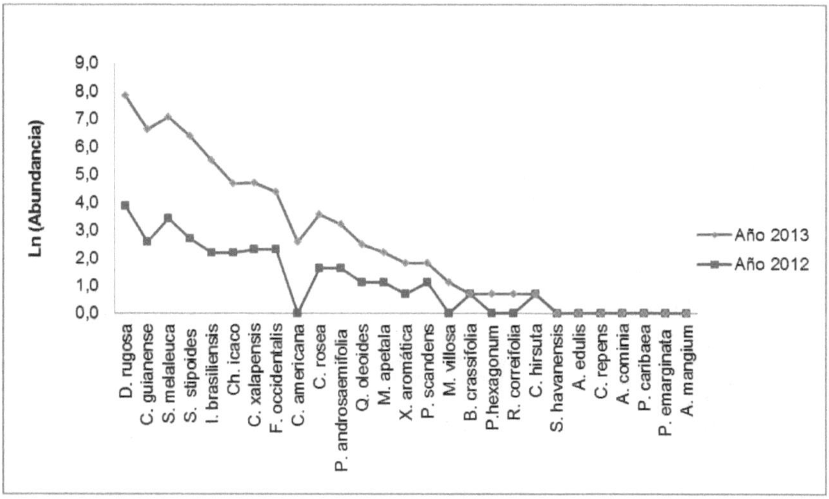

Fig 18. Curvas de abundancia de las especies presentes en el estrato menor de 1,30 metros del tratamiento T3.

Fuente: Elaboración propia

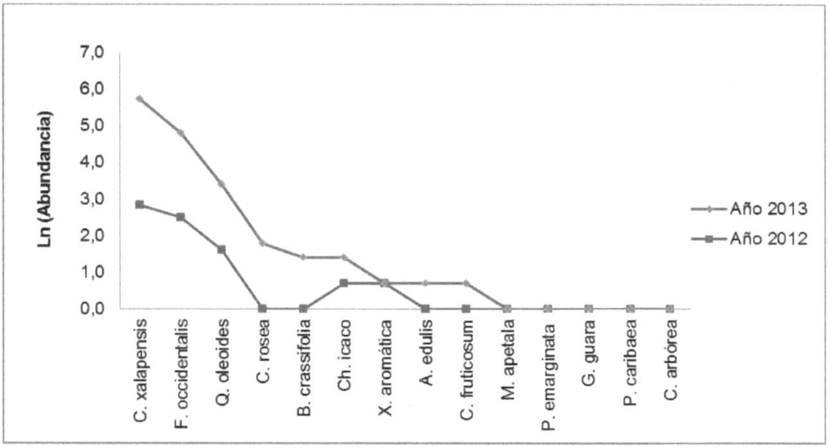

Fig 19. Curvas de abundancia de las especies presentes en el estrato mayor de 1,30 metros del tratamiento T3.

Fuente: Elaboración propia

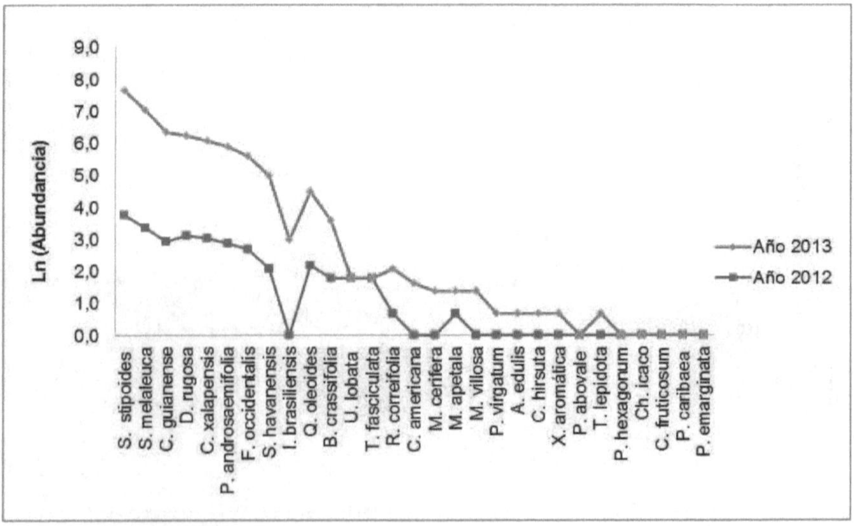

Fig 20. Curvas de abundancia de las especies presentes en el estrato menor de 1,30 metros del tratamiento T4.

Fuente: Elaboración propia

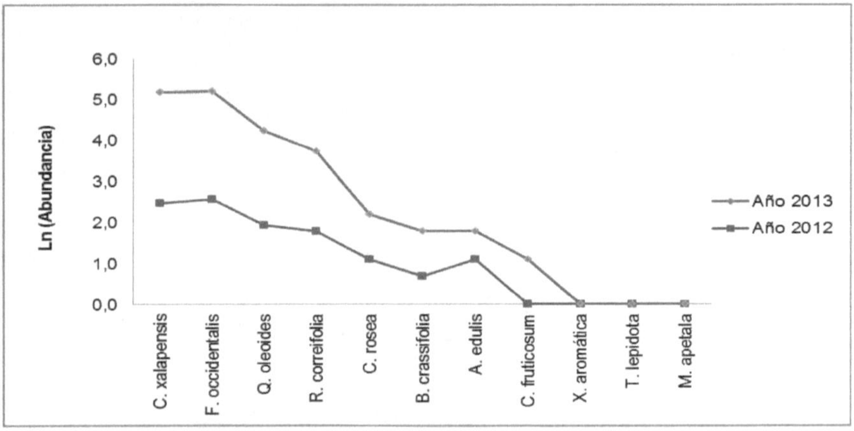

Fig 21. Curvas de abundancia de las especies presentes en el estrato mayor de 1,30 metros del tratamiento T4.

Fuente: Elaboración propia

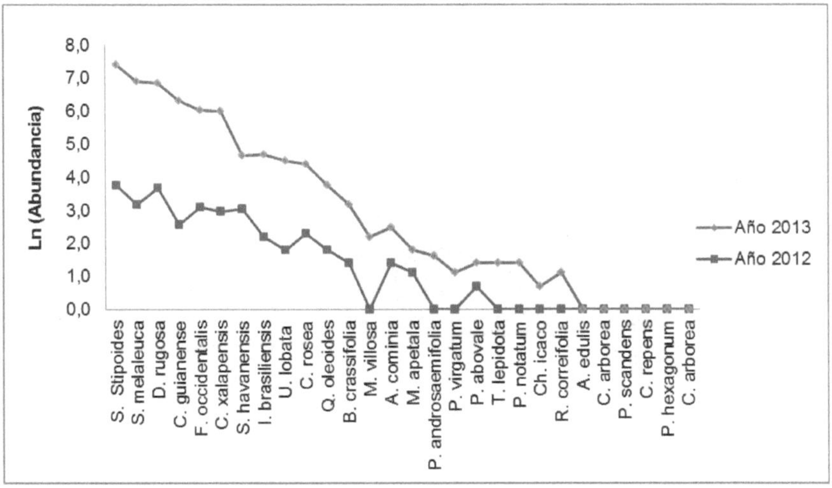

Fig 22. Curvas de abundancia de las especies presentes en el estrato menor de 1,30 metros del tratamiento T5.

Fuente: Elaboración propia

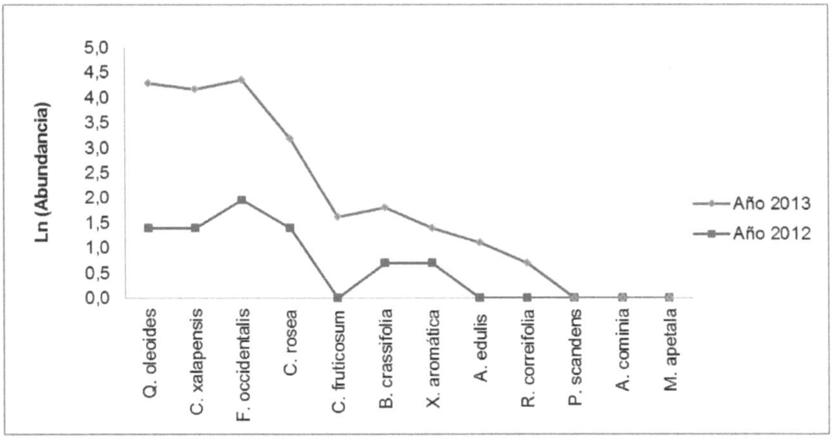

Fig 23. Curvas de abundancia de las especies presentes en el estrato mayor de 1,30 metros del tratamiento T5.

Fuente: Elaboración propia

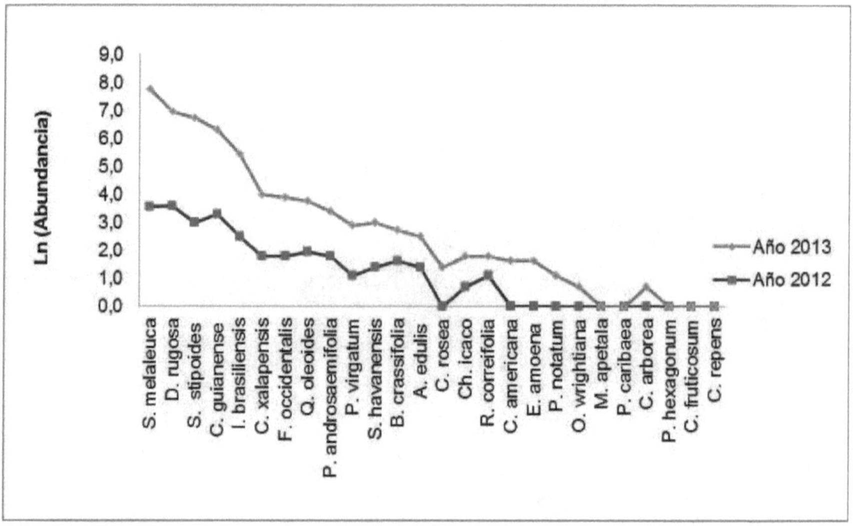

Fig 24. Curvas de abundancia de las especies presentes en el estrato menor de 1,30 metros del tratamiento T6.

Fuente: Elaboración propia

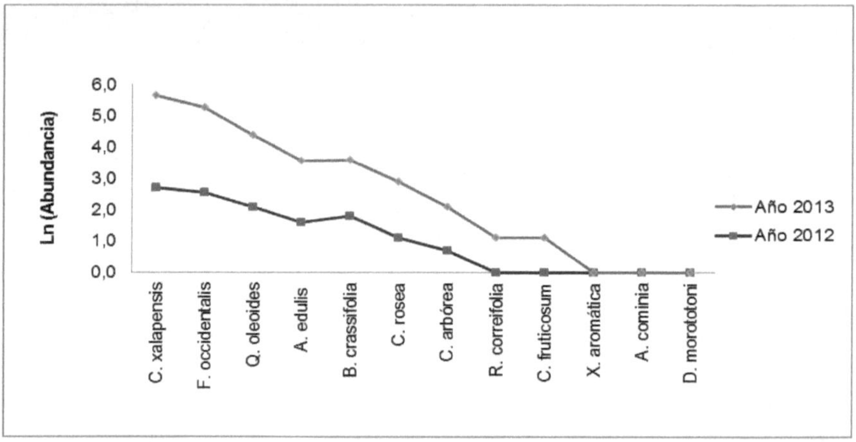

Fig 25. Curvas de abundancia de las especies presentes en el estrato mayor de 1,30 metros del tratamiento T6.

Fuente: Elaboración propia

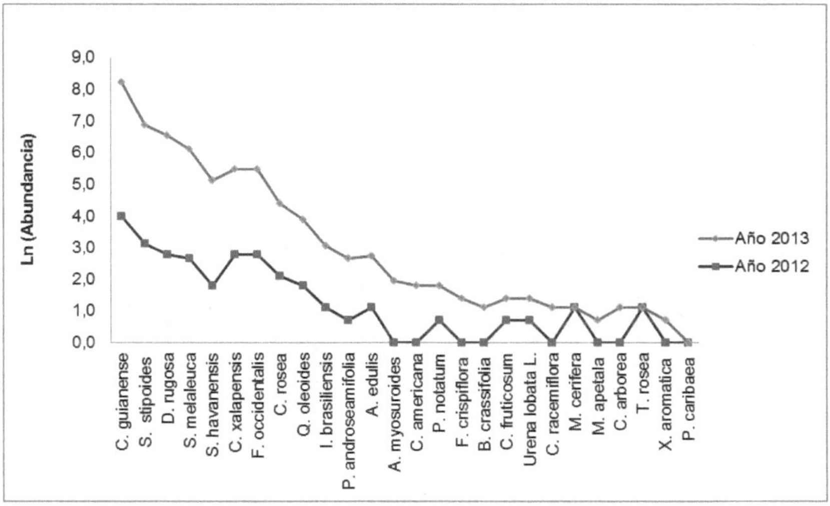

Fig 26. Curvas de abundancia de las especies presentes en el estrato menor de 1,30 metros del tratamiento T7.

Fuente: Elaboración propia

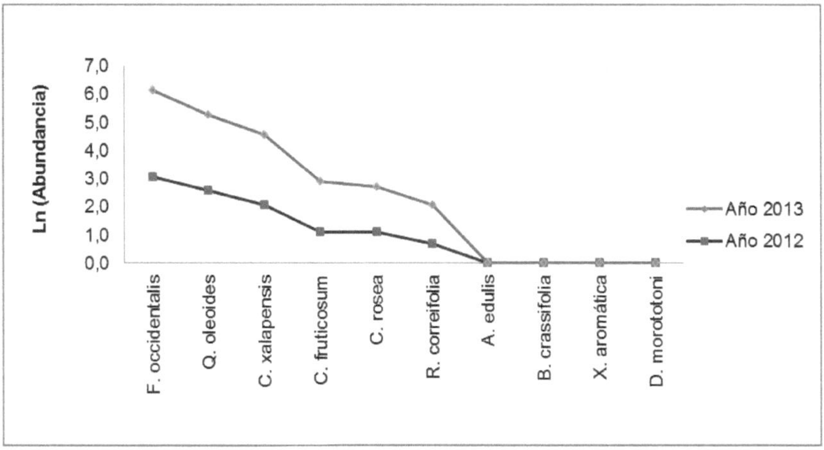

Fig 27. Curvas de abundancia de las especies presentes en el estrato mayor de 1,30 metros del tratamiento T7.

Fuente: Elaboración propia

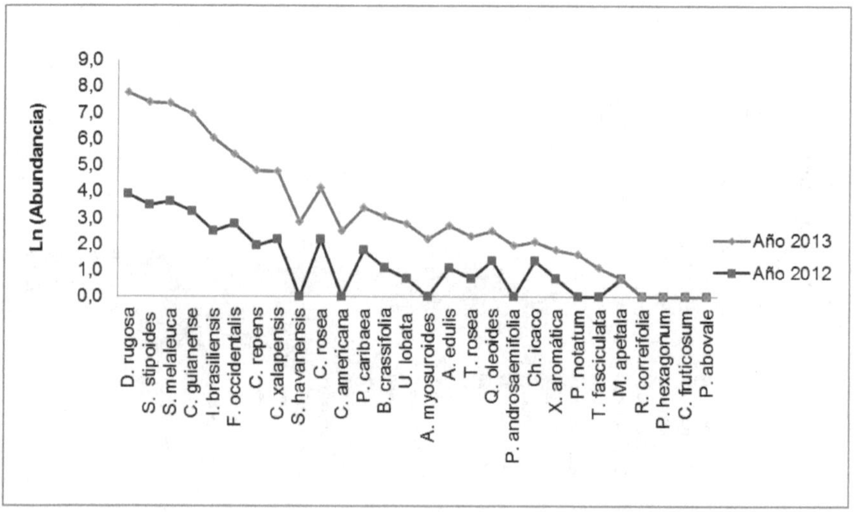

Fig 28. Curvas de abundancia de las especies presentes en el estrato menor de 1,30 metros del tratamiento T8.

Fuente: Elaboración propia

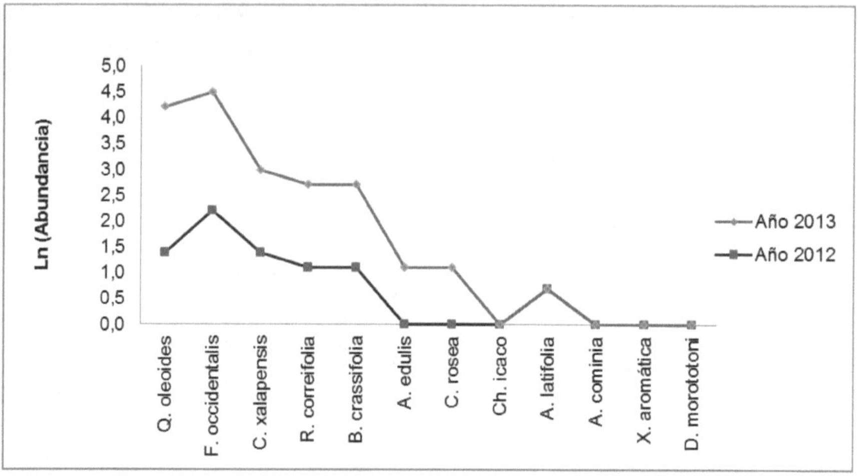

Fig 29. Curvas de abundancia de las especies presentes en el estrato mayor de 1,30 metros del tratamiento T8.

Fuente: Elaboración propia

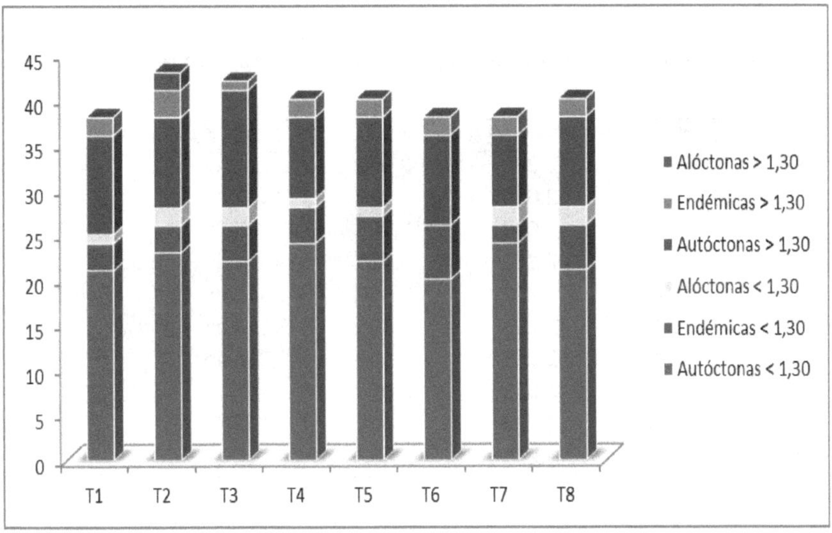

Fig 30. Abundancia de especies autóctonas, endémicas y alóctonas por tratamientos en los dos estratos.

Fuente: Elaboración propia

Tabla 25. Riqueza y abundancia por tratamientos de fertilización en toda el área experimental.

Tratamiento	T1	T2	T3	T4	T5	T6	T7	T8
Riqueza	38	43	41	40	40	38	36	40
Abundancia	621	507	563	609	606	526	615	659

Fuente: Elaboración propia

Tabla 26. Análisis químico al suelo de 0 – 30 cm de profundidad según los diferentes tratamientos utilizados a los 42 años de haberse establecido la plantación.

a) pH, aluminio (Al), materia orgánica (MO), fósforo y potasio disponibles.

Trat	pH kcl	Al (cmol (+). Kg^{-1})	% MO	P_2O_5 (mg. Kg^{-1})	K_2O (mg. Kg^{-1})
T1	3,590	2,380	2,938	1,350 b	5,443
T2	3,440	2,630	4,120	1,290 b	5,185
T3	3,483	2,640	2,998	1,108 b	6,328
T4	3,365	2,378	3,528	1,245 b	4,260
T5	3,588	2,705	2,950	1,415 ab	5,193
T6	3,450	2,225	3,865	2,013 ab	5,345
T7	3,528	2,285	3,088	1,938 ab	5,000
T8	3,450	2,313	3,420	2,420 a	5,580
ES	0,105	0,162	0,429	0,325	1,13
CV (%)	5,71	13,71	25,82	45,29	39

Fuente: Elaboración propia

b) potasio (K), sodio (Na), calcio (Ca) y magnesio (Mg) intercambiables; suma de bases intercambiables (S) y capacidad de intercambio catiónico (T)

Tratamientos	K (cmol (+). Kg^{-1})	Na (cmol (+). Kg^{-1})	Ca (cmol (+). Kg^{-1})	Mg (cmol (+). Kg^{-1})	S (cmol (+). Kg^{-1})	T (cmol (+). Kg^{-1})
T1	0,100	0,042	0,232	0,443	0,818	9,695
T2	0,116	0,058	0,086	0,363	0,622	9,043
T3	0,118	0,046	0,189	0,408	0,758	9,228
T4	0,094	0,055	0,065	0,365	0,578	8,780
T5	0,087	0,044	0,139	0,450	0,718	9,378
T6	0,104	0,061	0,092	0,398	0,655	8,935
T7	0,092	0,054	0,075	0,305	0,525	9,405
T8	0,096	0,056	0,065	0,373	0,589	9,025
ES	0,019	0,009	0,045	0,122	0,169	0,437
CV (%)	35,65	23,58	83,91	56,71	47,41	8,92

Fuente: Elaboración propia

Tabla 27. Análisis químico al suelo de 30 – 60 cm de profundidad según los diferentes tratamientos utilizados a los 42 años de haberse establecido la plantación.

a) pH, aluminio (Al), materia orgánica (MO), fósforo y potasio disponibles.

Tratamientos	Ph kcl	Al (cmol (+) Kg^{-1})	% MO	P_2O_5 (mg Kg^{-1})	K_2O (mg Kg^{-1})
T1	3,553	2,295	2,408	1,685 ab	6,308
T2	3,490	2,500	2,760	1,003 b	6,885
T3	3,608	2,475	2,328	1,308 ab	6,683
T4	3,573	2,450	2,468	1,373 ab	5,385
T5	3,605	2,588	2,280	1,608 ab	4,898
T6	3,573	2,700	2,635	1,280 ab	5,800
T7	3,588	2,628	2,238	2,105 a	6,388
T8	3,473	2,423	2,135	1,960 a	5,378
ES	0,066	0,124	0,2319	0,281	1,311
CV (%)	3,52	9,98	17,98	39,42	40,27

Fuente: Elaboración propia

b) potasio (K), sodio (Na), calcio (Ca) y magnesio (Mg) intercambiables; suma de bases intercambiables (S) y capacidad de intercambio catiónico (T)

Tratamientos	K (cmol (+) Kg^{-1})	Na (cmol (+) Kg^{-1})	Ca (cmol (+) Kg^{-1})	Mg (cmol (+) Kg^{-1})	S (cmol (+) Kg^{-1})	T (cmol (+) Kg^{-1})
T1	0,098	0,042	0,190 a	0,335	0,665	8,643
T2	0,100	0,048	0,052 b	0,298	0,497	9,330
T3	0,102	0,038	0,122 ab	0,300	0,562	9,248
T4	0,078	0,043	0,079 ab	0,275	0,475	9,355
T5	0,076	0,042	0,131 ab	0,345	0,594	8,658
T6	0,093	0,051	0,071 b	0,293	0,507	9,040
T7	0,085	0,048	0,077 ab	0,240	0,450	9,348
T8	0,081	0,045	0,067 b	0,265	0,459	9,275
ES	0,017	0,007	0,036	0,335	0,117	0,384
CV (%)	35,47	28,13	77,49	46,91	41,41	8,06

Fuente: Elaboración propia

ANEXO 2 lista de especies por estratos, tratamientos, período hidrológico poco lluvioso 2012 y lluvioso 2013.
2a

Tratamiento 1					
No.	Origen	Nombre vulgar	Nombre científico	Año 2012	Año 2013
1	A	cortadera	*Scleria melaleuca* Rchb.	39	63
2	A	bejuco colorado	*Davilla rugosa*	30	29
3	A	pajón macho	Sorghastrum stipoides (Kunth) Nash.	27	30
4	A	cordobán	*Conostegia xalapensis* D. Don	20	21
5	A	copey	*Clusia rosea* Jacq.	18	17
6	A	pitajoní hembra	*Alibertia edulis* Rich.	13	12
7	A	cafetillo	*Faramea occidentalis* (L.) A. Rich.	9	10
8	A	macurije	*Matayba apetala* (Macf.) Radlk.	8	10
9	A	bejuco azul	*Coccocypselum guianense* (Aubl.) K. Schum.		16
10	A	hicaco	*Chrysobalanus icaco* L.	6	6
11	A	peralejo	*Byrsonima crassifolia* L.	6	6
12	A	pino macho	*Pinus caribaea* var. *caribaea*	6	5
13	AI	malva blanca	*Urena lobata* L.		10
14	A	alambrillo	*Smilax havanensis,* Jacq., Var.	5	4
15	E	encino	*Quercus oleoides* Schltdl. & Cham.	3	4
16	A	tapa camino	*Psychotria androsaemifolia*	1	6
17	E	canutillo rastrero	*Callisia repens*, L.	2	3
18	A	yáguna	*Imperata brasiliensis* Trin		4
19	A	canilla de venado	*Citharexylum fruticosum* L.	2	2
20	A	malagueta	*Xylopia aromatica* A. Rich.	2	1
21	A	palo de caja	*Allophylus cominia*	1	1
22	A	malva mora	*Melochia villosa* (Mill.)		2
23	A	caguaso	*Paspalum virgatum*, Lin		1
24	A	yagrumón	*Didymopanax morototoni* (Aubl)		1
25	E	jazmín de pinar	*Roigella correifolia* (Griseb.)		1

Tratamiento 1					
No.	Origen	Nombre vulgar	Nombre científico	Año 2012	Año 2013
1	A	cordobán	*Conostegia xalapensis* D. Don	20	22
2	A	pitajoní hembra	*Alibertia edulis* Rich.	13	11
3	A	cafetillo	*Faramea occidentalis* (L.) A. Rich.	9	9
4	A	macurije	*Matayba apetala* (Macf.) Radlk.	8	7
5	A	peralejo	*Byrsonima crassifolia* L.	6	5
6	A	hicaco	*Chrysobalanus icaco* L.	6	5
7	A	pino macho	*Pinus caribaea* var. *caribaea*	6	4
8	A	copey	*Clusia rosea* Jacq.	4	3
9	E	encino	*Quercus oleoides* Schltdl. & Cham.	3	4
10	A	canilla de venado	*Citharexylum fruticosum* L.	2	4
11	E	jazmín de pinar	*Roigella correifolia* (Griseb.)	1	2
12	A	malagueta	*Xylopia aromatica* A. Rich.	2	1
13	A	helecho arbóreo	*Cyathea arborea,* Smith		1

Fuente: Elaboración propia

Anexo 2b

Tratamiento 2					
No	Origen	Nombre vulgar	Nombre científico	Año 2012	Año 2013
1	A	pajón macho	*Sorghastrum stipoides* (Kunth) Nash.	29	32
2	A	bejuco colorado	*Davilla rugosa*	27	27
3	A	cordobán	*Conostegia xalapensis* D. Don	27	23
4	A	cortadera	*Scleria melaleuca* Rchb.	8	36
5	A	cafetillo	*Faramea occidentalis* (L.) A. Rich.	23	20
6	A	alambrillo	*Smilax havanensis*, Jacq., Var.	25	15
7	A	copey	*Clusia rosea* Jacq.	19	17
8	A	bejuco azul	*Coccocypselum guianense* (Aubl.) K. Schum.		23
9	E	encino	*Quercus oleoides* Schltdl. & Cham.	7	9
10	A	peralejo	*Byrsonima crassifolia* L.	7	5
11	A	tapa camino	*Psychotria androsaemifolia*	8	3
12	A	caguaso	*Paspalum virgatum*, Lin	2	7
13	A	yáguna	*Imperata brasiliensis* Trin		7
14	A	macurije	*Matayba apetala* (Macf.) Radlk.	2	3
15	A	pitajoní hembra	*Alibertia edulis* Rich.	4	1
16	A	cebolleta	*Cyperus rotundus*, Lin.	5	0
17	Al	malva blanca	*Urena lobata* L.	1	3
18	A	bejuco fideo	*Cuscuta americana* L.		4
19	A	canilla de venado	*Citharexylum fruticosum* L.	1	1
20	A	hicaco	*Chrysobalanus icaco* L.	1	1
21	A	malagueta	*Xylopia aromatica* A. Rich.	1	1
22	A	curujey	*Tillandsia fasciculata* Sw.		2
23	E	uña de gato	*Odontosoria wrightiana*		1
24	E	encinillo	*Pithecellobium abovale* (Rich.)	1	
25	A	legaña de aura	*Plumbago scandens*, Lin.		1
26	Al	pomarrosa	*Syzygium jambos* (L.)		1
27	A	raspa lengua	*Casearia hirsuta* Sw.		1
28	A	moruro	*Cojoba arborea* (L.) Britton & Rose		1

Tratamiento 2					
No.	Origen	Nombre vulgar	Nombre científico	Año 2012	Año 2013
1	A	cafetillo	*Faramea occidentalis* (L.) A. Rich.	4	14
2	A	peralejo	*Byrsonima crassifolia* L.	5	7
3	A	copey	*Clusia rosea* Jacq.	1	7
4	E	encino	*Quercus oleoides* Schltdl. & Cham.	1	4
5	A	legaña de aura	*Plumbago scandens*, Lin.	1	3
6	E	jazmín de pinar	*Roigella correifolia* (Griseb.)		3
7	A	malagueta	*Xylopia aromatica* A. Rich.	1	2
8	A	macurije	*Matayba apetala* (Macf.) Radlk.	1	2
9	Al	pomarrosa	*Syzygium jambos* (L.)	1	2
10	A	pitajoní hembra	*Alibertia edulis* Rich.		1
11	A	helecho arbóreo	*Cyathea arborea*, Smith		1
12	E	huevo de toro	*Fischeria crispiflora* (Sw.).		1
13	A	aguacatillo	*Alchornea latifolia*, Sw	1	
14	Al	acacia mangium	*Acacia mangium* Willd.		1
15	A	lirio de sierra	*Plumeria emarginata* Griseb.		1

Fuente: Elaboración propia

Anexo 2c

Tratamiento 3					
No.	Origen	Nombre vulgar	Nombre científico	Año 2012	Año 2013
1	A	bejuco colorado	*Davilla rugosa*	48	53
2	A	bejuco azul	*Coccocypselum guianense* (Aubl.) K. Schum.	13	58
3	A	cortadera	*Scleria melaleuca* Rchb.	30	39
4	A	pajón macho	*Sorghastrum stipoides* (Kunth) Nash.	15	39
5	A	yáguna	*Imperata brasiliensis* Trin	9	27
6	A	hicaco	*Chrysobalanus icaco* L.	9	12
7	A	cordobán	*Conostegia xalapensis* D. Don	10	11
8	A	cafetillo	*Faramea occidentalis* (L.) A. Rich.	10	8
9	A	bejuco fideo	*Cuscuta americana* L.		13
10	A	copey	*Clusia rosea* Jacq.	5	7
11	A	tapa camino	*Psychotria androsaemifolia*	5	5
12	E	encino	*Quercus oleoides* Schltdl. & Cham.	3	4
13	A	macurije	*Matayba apetala* (Macf.) Radlk.	3	3
14	A	malagueta	*Xylopia aromatica* A. Rich.	2	3
15	A	legaña de aura	*Plumbago scandens,* Lin.	3	2
16	A	malva morada	*Melochia villosa* (Mill.)		3
17	A	peralejo	*Byrsonima crassifolia* L.	2	1
18	E	huevo de toro	*Fischeria crispiflora* (Sw.).		2
19	E	jazmín de pinar	*Roigella correifolia* (Griseb.)		2
20	A	raspa lengua	*Casearia hirsuta* Sw.	2	
21	A	alambrillo	*Smilax havanensis,* Jacq., Var.		1
22	A	pitajoní hembra	*Alibertia edulis* Rich.		1
23	E	canutillo rastrero	*Callisia repens,* L.		1
24	A	palo de caja	*Allophylus cominia*		1
25	A	pino macho	*Pinus caribaea* var. *caribaea*		1
26	A	lirio de sierra	*Plumeria emarginata* Griseb.		1
27	Al	acacia mangium	*Acacia mangium* Willd.	1	

Tratamiento 3					
No.	Origen	Nombre vulgar	Nombre científico	Año 2012	Año 2013
1	A	cordobán	*Conostegia xalapensis* D. Don	17	18
2	A	cafetillo	*Faramea occidentalis* (L.) A. Rich.	12	10
3	E	encino	*Quercus oleoides* Schltdl. & Cham.	5	6
4	A	copey	*Clusia rosea* Jacq.		6
5	A	peralejo	*Byrsonima* crassifolia L.		4
6	A	hicaco	*Chrysobalanus icaco* L.	2	2
7	A	malagueta	*Xylopia aromatica* A. Rich.	2	1
8	A	pitajoní hembra	*Alibertia edulis* Rich.		2
9	A	canilla de venado	*Citharexylum fruticosum* L.		2
10	A	macurije	*Matayba apetala* (Macf.) Radlk.	1	1
11	A	lirio de sierra	*Plumeria emarginata* Griseb.		1
12	A	yamao	*Guarea guara* Jasq.		1
13	A	Pino macho	*Pinus caribaea* var. *caribaea*		1
14	A	helecho arbóreo	*Cyathea arborea,* Smith		1

Fuente: Elaboración propia

Anexo 2d

Tratamiento 4					
No.	Origen	Nombre vulgar	Nombre científico	Año 2012	Año 2013
1	A	pajón macho	*Sorghastrum stipoides* (Kunth) Nash.	43	50
2	A	cortadera	*Scleria melaleuca* Rchb.	29	39
3	A	bejuco azul	*Coccocypselum guianense* (Aubl.) K. Schum.	19	30
4	A	bejuco colorado	*Davilla rugosa*	23	22
5	A	cordobán	*Conostegia xalapensis* D. Don	21	21
6	A	tapa camino	*Psychotria androsaemifolia*	18	20
7	A	cafetillo	*Faramea occidentalis* (L.) A. Rich.	15	18
8	A	alambrillo	*Smilax havanensis,* Jacq., Var.	8	18
9	A	yáguna	*Imperata brasiliensis* Trin		20
10	E	encino	*Quercus oleoides* Schltdl. & Cham.	9	10
11	A	peralejo	*Byrsonima crassifolia* L.	6	6
12	Al	malva blanca	*Urena lobata* L.	6	1
13	A	curujey	*Tillandsia fasciculata* Sw.	6	1
14	E	jazmín de pinar	*Roigella correifolia* (Griseb.)	2	4
15	A	bejuco fideo	*Cuscuta americana* L.		5
16	A	arraigán	*Myrica cerifera*, Lin.		4
17	A	macurije	*Matayba apetala* (Macf.) Radlk.	2	2
18	A	malva morada	*Melochia villosa* (Mill.)		4
19	A	caguaso	*Paspalum virgatum,* Lin	1	2
20	A	pitajoní hembra	*Alibertia edulis* Rich.	1	2
21	A	raspa lengua	*Casearia hirsuta* Sw.	1	2
22	A	malagueta	*Xylopia aromatica* A. Rich.		2
23	E	encinillo	*Pithecellobium abovale* (Rich.)	1	1
24	A	roble	*Tabebuia lepidota* (Kunth) Britton		2
25	E	huevo de toro	*Fischeria crispiflora* (Sw.).		1
26	A	hicaco	*Chrysobalanus icaco* L.		1
27	A	canilla de venado	*Citharexylum fruticosum* L.		1
28	A	pino macho	*Pinus caribaea* var. *caribaea*		1
29	A	lirio de sierra	*Plumeria emarginata* Griseb.		1

Tratamiento 4					
No.	Origen	Nombre vulgar	Nombre científico	Año 2012	Año 2013
1	A	cordobán	*Conostegia xalapensis* D. Don	12	15
2	A	cafetillo	*Faramea occidentalis* (L.) A. Rich.	13	14
3	E	encino	*Quercus oleoides* Schltdl. & Cham.	7	10
4	E	jazmín de pinar	*Roigella correifolia* (Griseb.)	6	7
5	A	copey	*Clusia rosea* Jacq.	3	3
6	A	peralejo	*Byrsonima crassifolia* L.	2	3
7	A	pitajoní hembra	*Alibertia edulis* Rich.	3	2
8	A	canilla de venado	*Citharexylum fruticosum* L.	1	3
9	A	malagueta	*Xylopia aromatica* A. Rich.		1
10	A	roble	*Tabebuia lepidota* (Kunth) Britton		1
11	A	macurije	*Matayba apetala* (Macf.) Radlk.	1	

Fuente: Elaboración propia

Anexo 2e

Tratamiento 5					
No.	Origen	Nombre vulgar	Nombre científico	Año 2012	Año 2013
1	A	pajón macho	*Sorghastrum stipoides* (Kunth) Nash.	43	38
2	A	cortadera	*Scleria melaleuca* Rchb.	24	41
3	A	bejuco colorado	*Davilla rugosa*	39	24
4	A	bejuco azul	*Coccocypselum guianense* (Aubl.) K. Schum.	13	43
5	A	cafetillo	*Faramea occidentalis* (L.) A. Rich.	22	19
6	A	cordobán	*Conostegia xalapensis* D. Don	19	21
7	A	alambrillo	*Smilax havanensis*, Jacq., Var.	21	5
8	A	yáguna	*Imperata brasiliensis* Trin	9	12
9	AI	malva blanca	*Urena lobata* L.	6	15
10	A	copey	*Clusia rosea* Jacq.	10	8
11	E	encino	*Quercus oleoides* Schltdl. & Cham.	6	7
12	A	peralejo	*Byrsonima crassifolia* L.	4	6
13	A	malva morada	*Melochia villosa* (Mill.)	1	9
14	A	palo de caja	*Allophylus cominia*	4	3
15	A	macurije	*Matayba apetala* (Macf.) Radlk.	3	2
16	A	tapa camino	*Psychotria androsaemifolia*		5
17	A	caguaso	*Paspalum virgatum*, Lin	1	3
18	E	encinillo	*Pithecellobium abovale* (Rich.)	2	2
19	A	roble	*Tabebuia lepidota* (Kunth) Britton		4
20	A	alpargata	*Paspalum notatum*		4
21	A	hicaco	*Chrysobalanus icaco* L.	1	2
22	E	jazmín de pinar	*Roigella correifolia* (Griseb.)		3
23	A	pitajoní hembra	*Alibertia edulis* Rich.	1	1
24	A	helecho arbóreo	*Cyathea arborea*, Smith	1	1
25	A	legaña de aura	*Plumbago scandens*, Lin.	1	1
26	E	canutillo rastrero	*Callisia repens*, L.		1
27	E	huevo de toro	*Fischeria crispiflora* (Sw.).		1
28	A	moruro	*Cojoba arborea* (L.) Britton & Rose		1

Tratamiento 5					
No.	Origen	Nombre vulgar	Nombre científico	Año 2012	Año 2013
1	E	encino	*Quercus oleoides* Schltdl. & Cham.	4	18
2	A	cordobán	*Conostegia xalapensis* D. Don	4	16
3	A	cafetillo	*Faramea occidentalis* (L.) A. Rich.	7	11
4	A	copey	*Clusia rosea* Jacq.	4	6
5	A	canilla de venado	*Citharexylum fruticosum* L.		5
6	A	peralejo	*Byrsonima crassifolia* L.	2	3
7	A	malagueta	*Xylopia aromatica* A. Rich.	2	2
8	A	pitajoní hembra	*Alibertia edulis* Rich.		3
9	E	jazmín de pinar	*Roigella correifolia* (Griseb.)		2
10	A	legaña de aura	*Plumbago scandens*, Lin.	1	1
11	A	palo de caja	*Allophylus cominia*		1
12	A	macurije	*Matayba apetala* (Macf.) Radlk.		1

Fuente: Elaboración propia

Anexo 2f

Tratamiento 6					
No.	Origen	Nombre vulgar	Nombre científico	Año 2012	Año 2013
1	A	cortadera	*Scleria melaleuca* Rchb.	35	67
2	A	bejuco colorado	*Davilla rugosa*	36	29
3	A	pajón macho	*Sorghastrum stipoides* (Kunth) Nash.	20	41
4	A	bejuco azul	*Coccocypselum guianense* (Aubl.) K. Schum.	27	20
5	A	yáguna	*Imperata brasiliensis* Trin	12	19
6	A	cordobán	*Conostegia xalapensis* D. Don	6	9
7	A	cafetillo	*Faramea occidentalis* (L.) A. Rich.	6	8
8	E	encino	*Quercus oleoides* Schltdl. & Cham.	7	6
9	A	tapa camino	*Psychotria androsaemifolia*	6	5
10	A	caguaso	*Paspalum virgatum,* Lin	3	6
11	A	alambrillo	*Smilax havanensis,* Jacq., Var.	4	5
12	A	peralejo	*Byrsonima crassifolia* L.	5	3
13	A	pitajoní hembra	*Alibertia edulis* Rich.	4	3
14	A	copey	*Clusia rosea* Jacq.	1	4
15	A	hicaco	*Chrysobalanus icaco* L.	2	3
16	E	jazmín de pinar	*Roigella correifolia* (Griseb.)	3	2
17	A	bejuco fideo	*Cuscuta americana* L.		5
18	E	rasca barriga	*Espadaea amoena* A. Rich		5
19	A	alpargata	*Paspalum notatum*		3
20	E	uña de gato	*Odontosoria wrightiana*		2
21	A	macurije	*Matayba apetala* (Macf.) Radlk.	1	1
22	A	pino macho	*Pinus caribaea* var. *caribaea*	1	1
23	A	moruro	*Cojoba arborea* (L.) Britton & Rose		2
24	E	huevo de toro	*Fischeria crispiflora* (Sw.).		1
25	A	canilla de venado	*Citharexylum fruticosum* L.		1
26	E	canutillo rastrero	*Callisia repens*, L.		1

Tratamiento 6					
No.	Origen	Nombre vulgar	Nombre científico	Año 2012	Año 2013
1	A	cordobán	*Conostegia xalapensis* D. Don	15	19
2	A	cafetillo	*Faramea occidentalis* (L.) A. Rich.	13	15
3	E	encino	*Quercus oleoides* Schltdl. & Cham.	8	10
4	A	pitajoní hembra	*Alibertia edulis* Rich.	5	7
5	A	peralejo	*Byrsonima crassifolia* L.	6	6
6	A	copey	*Clusia rosea* Jacq.	3	6
7	A	helecho arbóreo	*Cyathea arborea,* Smith	2	4
8	E	jazmín de pinar	*Roigella correifolia* (Griseb.)	1	3
9	A	canilla de venado	*Citharexylum fruticosum* L.	1	3
10	A	malagueta	*Xylopia aromatica* A. Rich.	1	1
11	A	palo de caja	*Allophylus cominia*		1
12	A	yagrumón	*Didymopanax morototoni* (Aubl)	1	

Fuente: Elaboración propia

Anexo 2g

Tratamiento 7					
No.	Origen	Nombre vulgar	Nombre científico	Año 2012	Año 2013
1	A	bejuco azul	*Coccocypselum guianense* (Aubl.) K. Schum.	53	71
2	A	pajón macho	*Sorghastrum stipoides* (Kunth) Nash.	23	41
3	A	bejuco colorado	*Davilla rugosa*	16	43
4	A	cortadera	*Scleria melaleuca* Rchb.	14	32
5	A	alambrillo	*Smilax havanensis,* Jacq., Var.	6	28
6	A	cordobán	*Conostegia xalapensis* D. Don	16	15
7	A	cafetillo	*Faramea occidentalis* (L.) A. Rich.	16	15
8	A	copey	*Clusia rosea* Jacq.	8	10
9	E	encino	*Quercus oleoides* Schltdl. & Cham.	6	8
10	A	yáguna	*Imperata brasiliensis* Trin	3	7
11	A	tapa camino	*Psychotria androsaemifolia*	2	7
12	A	pitajoní hembra	*Alibertia edulis* Rich.	3	5
13	E	rabo de mono	*Alsophila myosuroides*		7
14	A	bejuco fideo	*Cuscuta americana* L.		6
15	A	alpargata	*Paspalum notatum*	2	3
16	E	huevo de toro	*Fischeria crispiflora* (Sw.).		4
17	A	peralejo	*Byrsonima crassifolia* L.	1	3
18	A	canilla de venado	*Citharexylum fruticosum* L.	2	2
19	Al	malva blanca	*Urena lobata* L.	2	2
20	A	yanilla	*Cyrilla racemiflora*		3
21	A	arraigán	*Myrica cerifera,* Lin.	3	
22	A	macurije	*Matayba apetala* (Macf.) Radlk.	1	2
23	A	moruro	*Cojoba arborea* (L.) Britton & Rose		3
24	Al	barba de indio	*Tricholaena rosea,* Nees	3	
25	A	malagueta	*Xylopia aromatica* A. Rich.		2
26	A	pino macho	*Pinus caribaea* var. *caribaea*	1	1
27	A	palo de caja	*Allophylus cominia*		1

Tratamiento 7					
No.	Origen	Nombre vulgar	Nombre científico	Año 2012	Año 2013
1	A	cafetillo	*Faramea occidentalis* (L.) A. Rich.	21	22
2	E	encino	*Quercus oleoides* Schltdl. & Cham.	13	15
3	A	cordobán	*Conostegia xalapensis* D. Don	8	12
4	A	canilla de venado	*Citharexylum fruticosum* L.	3	6
5	A	copey	*Clusia rosea* Jacq.	3	5
6	E	jazmín de pinar	*Roigella correifolia* (Griseb.)	2	4
7	A	pitajoní hembra	*Alibertia edulis* Rich.	1	
8	A	peralejo	*Byrsonima crassifolia* L.	1	
9	A	malagueta	*Xylopia aromatica* A. Rich.	1	
10	A	yagrumón	*Didymopanax morototoni* (Aubl)		1

Fuente: Elaboración propia

Anexo 2h

Tratamiento 8					
No	Origen	Nombre vulgar	Nombre científico	Año 2012	Año 2013
1	A	bejuco colorado	*Davilla rugosa*	50	47
2	A	pajón macho	*Sorghastrum stipoides* (Kunth) Nash.	33	48
3	A	cortadera	*Scleria melaleuca* Rchb.	38	41
4	A	bejuco azul	*Coccocypselum guianense* (Aubl.) K. Schum.	26	40
5	A	yáguna	*Imperata brasiliensis* Trin	12	34
6	A	cafetillo	*Faramea occidentalis* (L.) A. Rich.	16	14
7	E	canutillo rastrero	*Callisia repens*, L.	7	17
8	A	cordobán	*Conostegia xalapensis* D. Don	9	13
9	A	alambrillo	*Smilax havanensis*, Jacq., Var.	1	17
10	A	copey	*Clusia rosea* Jacq.	9	7
11	A	bejuco fideo	*Cuscuta americana* L.		12
12	A	pino macho	*Pinus caribaea* var. *caribaea*	6	5
13	A	peralejo	*Byrsonima crassifolia* L.	3	7
14	Al	malva blanca	*Urena lobata* L.	2	8
15	E	rabo de mono	*Alsophila myosuroides*		9
16	A	pitajoní hembra	*Alibertia edulis* Rich.	3	5
17	Al	barba de indio	*Tricholaena rosea*, Nees	2	5
18	E	encino	*Quercus oleoides* Schltdl. & Cham.	4	3
19	A	tapa camino	*Psychotria androsaemifolia*		7
20	A	hicaco	*Chrysobalanus icaco* L.	4	2
21	A	malagueta	*Xylopia aromatica* A. Rich.	2	3
22	A	alpargata	*Paspalum notatum*		5
23	A	curujey	*Tillandsia fasciculata* Sw.	1	3
24	A	macurije	*Matayba apetala* (Macf.) Radlk.	2	1
25	E	jazmín de pinar	*Roigella correifolia* (Griseb.)		1
26	E	huevo de toro	*Fischeria crispiflora* (Sw.).		1
27	A	canilla de venado	*Citharexylum fruticosum* L.		1
28	E	encinillo	*Pithecellobium abovale* (Rich.)		1
29	A	legaña de aura	*Plumbago scandens*, Lin.		1

Tratamiento 8					
No.	Origen	Nombre vulgar	Nombre científico	Año 2012	Año 2013
1	E	encino	*Quercus oleoides* Schltdl. & Cham.	4	17
2	A	cafetillo	*Faramea occidentalis* (L.) A. Rich.	9	10
3	A	cordobán	*Conostegia xalapensis* D. Don	4	5
4	E	jazmín de pinar	*Roigella correifolia* (Griseb.)	3	5
5	A	peralejo	*Byrsonima crassifolia* L.	3	5
6	A	pitajoní hembra	*Alibertia edulis* Rich.	1	3
7	A	copey	*Clusia rosea* Jacq.	1	3
8	A	hicaco	*Chrysobalanus icaco* L.	1	1
9	A	aguacatillo	*Alchornea latifolia*, Sw	2	
10	A	palo de caja	*Allophylus cominia*		1
11	A	malagueta	*Xylopia aromatica* A. Rich.		1
12	A	yagrumón	*Didymopanax morototoni* (Aubl)	1	

A – Autóctona, E – Endémica y Al – Alóctona. Fuente: Elaboración propia

ANEXO 3

Perfil 5 (tomado de Awan y Frías, 1970).

Sitio: Viñales.

Relieve: ondulado.

Drenaje interno: deficiente.

Vegetación: *Pinus caribaea* var. *caribaea*, *Pinus tropicalis*, *Quercus oleoides* (encino), *Bursera simaruba* (almácigo), *Byrsonima crassifolia* (peralejo), *Aristida erecta* (pajón), *Jambosa vulgaris* (pomarrosa, naturalizada), etc.

Material de origen: Pizarras y esquistos cuarcíticos

Clasificación: Alítico de Baja Actividad Arcillosa Rojo Amarillento Ócrico

Horizonte	Profundidad cm	Descripción
A_1	0 - 20	Pardo amarillo oscuro (10YR 4/4) en húmedo. Loam arcilloso con abundantes fragmentos de cuarzo. Estructura granular; plástico y friable en húmedo, duro en seco. Reacción ácida, pH en agua 4,4. Abundantes raíces finas y medianas. Límite claramente demarcado.
B_1	20 - 45	Pardo amarillo (10YR 5/8) en húmedo. Arcilloso con algunos fragmentos de cuarzo. Estructura en bloques angulares; plástico y muy firme en húmedo, muy duro en seco. Reacción ácida, pH en agua 4,2. Pocas raíces gruesas. Límite claramente demarcado.
B_2	45 - 85	Rojo claro (2,5YR 6/8) en húmedo. Arcilloso, con bandas de fragmentos de cuarzo. Estructura en bloques angulares; muy plástico y muy firme en húmedo, muy duro en seco. Reacción ácida, pH en agua 4,2. Pocas raíces.
B_3	85 - 115	Material parental en desintegración, que presenta bandas de colores rojo y amarillo, veteado de cuarzo. No hay raíces. Límite ondulado.
C	115 - 150	Material parental en varios estados de desintegración, con bandas de color gris, rojo y blanco.

Algunas propiedades del suelo correspondiente al Perfil 5

Profundidad	Análisis mecánico (%)			pH		MO (%)	Nutrientes asimilables (kg. ha^{-1})			
(cm)	Arena	Limo	Arcilla	H_2O	KCl		Mg	P	K	Ca
0 - 20	61,5	9,5	29,0	4,4	3,9	1,98	7	30	2 500	25
	Loam arcilloso									
20 - 45	20,0	19,0	61,0	4,2	3,7	0,47	8	25	2 000	18
	Arcilloso									

Fuente: Awan y Frías, 1970.

FSC
www.fsc.org
MIX
Papier | Fördert gute Waldnutzung
FSC® C083411

Kolibri 360 GmbH
Ferdinand-Jühlke-Straße 7
99095 Erfurt, Deutschland
produktsicherheit@kolibri360.de

Druck:
CPI Druckdienstleistungen GmbH
im Auftrag der
Kolibri 360 GmbH
Ferdinand-Jühlke-Str. 7
99095 Erfurt